于新刚　编著

梨树

LISHU

SIJI XIUJIAN

TUJIE

四季修剪图解

化学工业出版社

·北京·

全书以通俗的语言，配以高清数码图片，详细介绍了梨树整个年生长周期内，不同季节和时期的修剪方法和修剪技术。主要包括整形修剪的意义、整形修剪的调节作用、整形修剪的基础知识、四季修剪方法、不同生长时期的修剪要点、不同品种的修剪特点等内容。

全书贯彻理论联系实际和为生产服务的原则，内容翔实系统，语言通俗易懂，技术先进实用，可读性和可操作性强，本书采用高清实物图片对梨树的整形修剪进行图解，更直观清晰，更易学，更易操作。对于现代梨树密植、高产、优质栽培具有非常有益的指导作用。

图书在版编目（CIP）数据

梨树四季修剪图解/于新刚编著. —北京：化学
工业出版社，2012.11（2025.3 重印）
ISBN 978-7-122-15499-6

Ⅰ.①梨⋯ Ⅱ.①于⋯ Ⅲ.①梨-修剪-图解
Ⅳ.①S661.205-64

中国版本图书馆 CIP 数据核字（2012）第 237770 号

责任编辑：张林爽 邵桂林 装帧设计：于海龙 史利平
责任校对：吴 静

出版发行：化学工业出版社（北京市东城区青年湖南街 13 号 邮政编码 100011）
印 装：北京盛通数码印刷有限公司
850mm×1168mm 1/32 印张 6 字数 151 千字
2025 年 3 月北京第 1 版第 17 次印刷

购书咨询：010-64518888 售后服务：010-64518899
网 址：http://www.cip.com.cn
凡购买本书，如有缺损质量问题，本社销售中心负责调换。

定 价：25.00 元 版权所有 违者必究

前言

　　梨原产我国，据《诗经》记载，梨在我国至少有 3000 余年的栽培历史。目前，在我国梨是居苹果和柑橘之后的第三大果树，无论在面积还是产量上，均占世界首位。

　　梨树的经济结果寿命在落叶果树中是较长的，一般可以达到 50～60 年，长的可以达到 200 余年。在实际生产中，由于梨树发枝量少，生长平稳，不像葡萄、桃、杏、李、苹果等树种那样生长量大，因而修剪量相对较少，耗工、耗时较少；可以采取农场式大面积的集约化经营，是投资高效农业的首选树种。

　　我国目前梨树生产的总体水平仍然较低，单位面积产量仅是美国加州、阿根廷的 1/5，为日本的 30％。不仅产量上与世界发达国家有所差距，在果实品质上也存在诸多问题，价格较低。目前国内梨树栽培的现实情况是县、乡两级技术人员匮乏，先进的整形修剪技术得不到及时、有效普及，是抑制梨树生产达到优质、高产栽培目的的主要瓶颈之一。

　　本书从与梨树修剪有关的基本知识点入手，以通俗的语言、高清的数码图片，对梨树整形修剪的基础知识（各类枝、芽和结果枝组的识别，常用的整形修剪名词注释等），以及常用的修剪方法和一年四季具体采用的修剪技术等进行详细图解，并辅以文字解析，使之达到"一看就会"、"按季节、照图修剪"的目的。

　　本书主要包括整形修剪的意义、整形修剪的调节作用、整形修剪的基础知识、四季修剪方法、不同生长时期的修剪要点、不同品种的修剪特点六部分内容。全书语言通俗，图片精确，具有可读性和可操作性。适合广大梨树种植者、园艺爱好者、果树技术推广人员和大中专院校师生阅读和使用。

在本书的编写过程中，作者所在单位山东省莱西市职业中等专业学校，以及化学工业出版社、中国果菜网、水果邦论坛等单位和媒体对本书的编著、出版等工作，给予了大力支持和精心的指导，在此表示衷心的感谢。太原理工大学2011级艺术设计专业的于海龙同学，利用业余时间为本书绘制了部分插图并设计了封面初稿，在此一并致谢。

在本书的编写过程中，参阅了国内外学者有关梨树修剪的论文和研究资料，在此向他们表示诚挚的感谢。编者殷切希望广大读者对本书在内容以及观点上的疏漏和缺陷给予批评指正。

编　者

2012 年 8 月

目录

第一章
整形修剪的意义

通过修整和剪截等技术措施，对具体的枝条进行科学化的改造，称为修剪。通过修剪，把树体建造成某种树形，称为整形，又叫整枝。

广义的修剪包括整形。幼龄树期间，修剪的主要任务是整形；成形后，还要通过修剪维持良好的树形结构。狭义的修剪与整形并列，专指枝组的培养与更新、生长与结果、衰老与复壮的调节，以期获得早果、丰产、稳产、优质、低耗和高效的栽培目的。

整形与修剪结合，称为整形修剪。实际上两者关系密切，互为依存，整形依靠修剪才能达到目的；而修剪只有在合理整形的基础上，才能发挥作用。

正确的整形修剪，可以克服自然生长所造成的各种弊端，使树体结构趋向合理；可以提高产量和品质，便于管理，提高功效。

整形修剪在现代梨树栽培中具有举足轻重的地位，越来越受到栽培者的重视。归纳起来，整形修剪具有以下几项实际生产意义。

一、早产稳产

梨树是多年生木本果树，一般结果较晚（大部分白梨系统品种，一般需定植 3 年后开始开花结果）。通过整形修剪，可以使幼树开张角度，缓和树势，提早进入盛果期。例如对生长旺盛梨品种等，采取轻剪长放，拉枝开角，利用其有腋花芽结果的习性，可以达到定植 2 年开始结果（图 1-1）。又如通过修剪，合理调节老树枝干的从属关系，及时更新结果枝组，可以达到高产稳产的栽培效果。

图 1-1　定植 2 年开始结果

二、提高果实品质

通过合理的整形修剪，解决好风光条件，配合疏花、疏果和套袋等技术措施，可以使梨树合理负载，光照充足，花芽分化良好，病虫害减轻，果个大小均匀，果实表光好，口感脆甜，可使果实品质明显得到提高（图 1-2）。

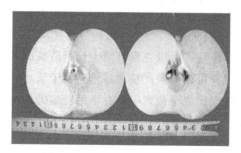

图 1-2　果实品质明显得到提高

三、减少投入

科学合理的整形修剪，可以将无用的竞争枝、徒长枝、直立枝、背上枝等疏除，剪口、锯口芽抹除，大量减少营养消耗，相对降低肥料投入，节约开支。风光条件改善后，优质果率提高，收入增加明显。

四、增强抗逆性

东部沿海地区，可以采取开心形以及网架栽培，增强抗风和抵抗晚霜能力，可以明显提高坐果率（图1-3）；北部寒区可以采取匍匐树形和多主枝小冠形；西部光照强度大的地区，可以采取主枝上留适当的背上枝，以抵御日灼病等。

图1-3　明显提高坐果率

五、立体结果

放任生长的树，内膛光秃，结果部位外移，产量低。整形修剪后，树体发育均衡，结构紧凑、牢固，结果枝组充实，分布均匀，可以达到立体结果（图1-4），连年高产、稳产。

图1-4　立体结果

六、延长结果年限

梨树属于结果寿命较长的果树树种，树体保护得好，可以连续结果数十年（图1-5）；忽视树体保护，枝条丛生，结构紊乱，光照不足，枝条较易早衰，导致树势衰弱，产量低，甚至死亡。采取科学的修剪技术措施，则可以均衡营养，改善光照，延长枝组的结果寿命，从而达到延长结果年限的栽培目的。

图1-5　连续结果数十年

七、便于管理

现代梨树栽培管理，离不开人工授粉、疏花疏果、喷药、套袋、采摘等人工树上作业。要求树体不能过高，株间、行间枝条不能交叉。通过修剪，将树头及时开心，降低树体高度，整形成矮、小、扁的紧凑树形，行间留出1～1.5米的作业道，便于管理作业（图1-6）。

图1-6　便于管理作业

第二章

整形修剪的调节作用

一、调节树体与环境的关系

梨树整形修剪的重要任务就是充分合理地利用空间和光能，调节梨树与温度、土壤、水分等环境因素之间的关系，使梨树能适应环境并利用环境，更有利于梨树的生长发育和高产稳产。根据环境条件和梨树的生物学特性，合理地选择适宜的树形和修剪方法，有利于梨树与环境的统一。在春季常有晚霜危害的地方，要适当将梨树高定干（80～100cm）和多留腋花芽；在风力较大的沿海地区，进行梨树栽植要尽可能地采用网架整形，以有利于抗风。

在调节梨树与环境的关系中，最重要的是改善光照条件，增加光合面积和光合时间。植物体中90%以上的有机物质来自光合作用，光合作用条件的好坏，直接影响到产量和品质，果农中有"没有水路不长树，没有光路不结果"的说法，是很有道理的。所以，在整形修剪中一定要合理采用树形，打开光路，改善内部和下部的光照条件，树体上下内外，呈立体结果，防止结果部位外移；否则的话，仅仅梨树树体的外围结果，产量不高，品质下降。

增加栽植密度，采用小冠树形，有利于提高光能利用率，表面受光量增大，叶幕厚度便于控制。如果密度过大，株行间都交接，同样也会在群体结构中形成无效区。此外，通过开张角度，注意疏剪，加强夏季修剪等，均可改善光照条件。

二、调节树体各部分的均衡关系

（一）利用地上部与地下部动态平衡关系调节树体的整体生长

梨树的地上部与地下部存在着相互依赖、相互制约的关系，任何一方增强或削弱，都会影响另一方的强弱。地上部剪掉部分枝条后，地下部比例相对增加，对地上部的枝芽有促进作用；若断根较多，地上部比例相对增加，对其生长会有抑制作用；地下部与地上部同时修剪，虽然能相对保持平衡，但对总体生长会有抑制作用。

冬季修剪是在根系和枝干中贮藏养分较多时进行的。对于幼树和初果树，由于修剪减少地上部枝芽总数，缩短枝芽与根系之间的运输距离，使留下的枝芽相对得到较多的水分和养分，因而对地上部的生长表现出刺激作用，新梢生长量大，长梢多。但对树的整体生长则有抑制作用，因为修剪使其发枝总数、叶片数和总叶面积都减少，进而对地下部根系的生长也有抑制作用。

因此，为了促进生长、扩大树冠、缓和树势、增加枝量、有利于花芽分化和开花坐果，对幼树和初果树应尽量轻剪，栽植密度越大，越要注意轻剪。

进入盛果期的树，由于每年大量开花结果，营养生长明显转弱，短枝增多，修剪的作用不完全与幼树相同。特别是在枝量大、花芽多、树势弱的情况下，由于剪掉部分花芽和无效枝叶，避免过量结果和无效消耗，适当降低树高和缩小冠径，可改善光照条件，也改变了地上部与地下部的比例关系，缩短了根与地上部物质交换的距离，促进枝梢生长，长枝比例增加，有利于加强两极交换，对养根、养干和维持树势都有积极的作用。但是，修剪过重，同样对树整体上会有抑制作用和降低产量的作用。

夏季修剪是在树体内贮藏养分最少时进行的，修剪越重，叶面积损失越大，根系生长受到的抑制也越重，对树的整体和局部生长都会产生抑制作用。主干环剥、环割，虽未剪去叶片，但由于阻碍了地上有机产物向下输送，根系的生长也会受到抑制。

（二）调节营养器官与生殖器官之间的均衡

生长与结果是梨树整个生命活动过程中的一对基本矛盾，生长是结果的基础，结果是生长的目的。从梨树开始结果，生长和结果长期并存，二者相互制约，又可相互转化。修剪是调节营养器官和生殖器官之间均衡的重要手段，修剪过重可以促进营养生长，降低产量；过轻有利于结果而不利于营养生长。合理而科学的修剪方法，既应有利于营养生长，同时也有利于生殖生长。在梨树的生命周期和年周期中，首先要保证适度的营养生长，在此基础上促进花芽分化、开花坐果和果实发育。

幼树应以营养生长为主，在一定的营养生长基础上，适时转入结果是这一时期的主要矛盾。因此，对幼树的综合管理措施应当有利于促进营养生长，适时停长，壮而不旺。整形修剪可以通过拉枝开角、采用夏剪、促进分枝、抑制过旺新梢生长等措施，创造一个有利于树体向结果方向转化的条件（图2-1）。为了做到整形和结果两不误，可利用枝条在树冠内的相对独立性，使一部分枝条（骨

图 2-1　水平枝易成花

图 2-2　直立枝不易成花，可利用来扩大树冠

干枝）负担扩大树冠的任务（图 2-2），另一部分枝条（辅养枝）转化为结果部位。密植园能否适时以生殖生长控制营养生长，是控制树冠扩大过快的积极措施，如营养生长得不到有效控制，未丰产而封行，密植等于失败。当然结果过早，过分抑制营养生长和树冠的扩大，不能充分利用空间和光能，也不利于丰产。

　　盛果期的梨树花量大，结果多，树势衰弱和大小年结果是主要矛盾。通过修剪和疏花疏果要有效调节营养生长和生殖生长的矛盾，克服大小年结果，达到梨树年年丰产，并维持较好的树势。

　　（三）调节同类器官间的均衡

　　同一株梨树上同类器官之间也存在着矛盾。骨干枝之间会有强弱之分；一株树上会有上强下弱或上弱下强；同一骨干枝可能出现先端强后部弱或先端弱而后部强等情况。科学修剪就是要解决这些矛盾，比如同一骨干枝出现前后生长不均衡时，可以采取"控前促后"（或称为抑前促后）或"控后促前"的方法来处理。

三、调节生理活动

（一）调节树体的营养和水分状况

许多试验表明，冬季修剪能明显改变树体内水分、养分状况。日本对长十郎梨不同修剪程度的试验结果表明，短截修剪比不修剪，重短截比轻短截，新梢中含水量和全氮含量都有所增高，淀粉和全碳水化合物含量则有所减少，说明重剪可以活跃机能，对新梢有促进作用。但从全氮的年变化看，表现新梢生长前期高，后期反而有减少的趋势。

（二）调节树体的代谢作用

酶在植物代谢中十分活跃，修剪对酶的活性有明显的影响。地上部修剪对叶片中的过氧化氢酶的活性，生长初期表现强烈，生长后期作用减弱，而对根系则多数起抑制作用。

（三）调节内源激素

内源激素对植物生长发育、养分运输和分配起调节作用。不同器官合成的主要内源激素不同，通过修剪改变不同器官的数量、活力及其比例关系，从而对各种内源激素发生的数量及其平衡关系起到调节作用。

夏季摘心去掉了合成生长素和赤霉素多的茎尖和幼叶，使生长素和赤霉素含量减少，相对增加细胞分裂素含量，因而促进侧芽的萌发，有利于提高坐果率。

环剥与环割可以明显控制生长而促进花芽分化，环剥与环割可阻滞生长素向基部运输，乙烯增多，脱落酸积累。

将枝条拉平或弯曲时，枝条内乙烯含量增加，而且出现分布梯度，近先端处高，基部低，背下高而背上低。所以生长缓慢，向下的芽不易萌发，而背上的芽易出旺条。用^{14}C标记的细胞分裂素处理，结果在弯曲枝上部转折处的芽内有细胞分裂素的积累，因而有利于该芽的萌发抽梢。

修剪不仅在植物生理上有调节作用，在解剖学上也有影响，如短截使导管数和导管直径增加；曲枝使新梢皮层与木质部比例升高等。

第三章

整形修剪的基础知识

第一节　梨树整形修剪的特点

一、顶端优势、干性表现强

中心干及主枝延长枝常常生长过强、上升及延伸过快，容易形成树冠抱合，树冠易出现上强下弱；主枝上由于延长枝生长过快，主侧枝间易失去平衡，对侧枝如不注意培养，甚至不能培养出侧枝；容易出现前旺后弱，前密后空。因此在修剪时要对中干延长枝适当重截，并及时换头，以控制上升过快、增粗过快。必要时可以歪倒中央干，既可以来填补主枝留用的不足或作辅养枝，又可用歪倒枝基部发出的枝，代替原来的延长枝，以缓和长势。为使延长枝向开张角度方向延伸，可用背后枝换头，即剪口留的第一芽为上芽，翌年疏除第一芽萌发的枝条，改成背后枝带头。

二、定植第一年长势弱

定植第一年不一定要确定主枝，也可以不进行冬剪，或者对所发的枝条去顶芽留放，并在选好的主枝位置上目伤，使之翌年发枝较旺。第二年按强枝重短截，弱枝轻短截的方法来进行。梨树往往一年选不出3～4个主枝，需要对所留下的枝条短截时偏重一点，如果修剪过轻，则长势偏旺，其他的主枝则不好选留。中干延长枝也要重短截，这样可以选留一部分第一年没有留好的主枝，与上一年选留的主枝相距不远，长势也差不多。对其他未选留的枝要拉枝开角，使之形成较多的枝叶量，早结果。当影响到主枝延伸时，要用截、缩、疏的方法来处理。

三、幼树发枝量少，分生角度小

幼树的整形修剪尽量少疏枝或不疏枝，多行拉枝和目伤。大多数梨品种一般发枝较少。所以，开角一般不应小于60°，以增加发枝量；否则易形成主枝上仅密生短果枝及短果枝群，侧生枝条既少又弱，无好的侧枝，这样的树产量低而且易衰老。拉枝以后要注意每年进行梢角开张，如梢头上翘，则易出现前强后弱，内膛光秃。延长枝要适当短截，使主枝和侧枝多发，不要单轴延伸过长，力求枝量增加，扩大开张面。短截时应在饱满芽前的1~2个弱芽处截，这样发芽多而均匀，后部萌发的短枝也壮。

四、结果枝组有单轴延伸的特性

在梨树修剪时，要尽量多运用短截的方法，使其多发枝，使枝组呈扇形面展开。并在结果以后及时地运用回缩方法，使其形成比较牢靠、紧凑的结果枝组。对中心干上的辅养枝、主枝基部的枝条要多留，要掌握"逐步进行，分别培养；有空就留，无空就疏；不留就去，不打乱骨干枝结构"的原则来进行。为了培养后部枝条的发育，主枝、侧枝的延长不宜太快，伸的过远，一般第一层主枝长度在2.5~3m左右比较合适，放得远了，内部空隙过大，产量上不去，以后改造起来比较费工、费事。

五、萌芽率高，成枝力低

梨树的大部分品种都存在萌芽率高、成枝力低的特点。但不同的品种间也有差异，一般情况下秋子梨系统的品种成枝力较高，砂梨较低。在修剪时要特别注意对幼树促生分枝，以便选择和培养主枝和其他骨干枝，同时要注意运用缩剪来控制结果部位外移，以利于树体发育和稳产。

六、隐芽寿命长

经修剪刺激后，容易萌发抽枝，利于更新，尤其是老树或树势衰弱以后，大的回缩或锯大枝以后，非常易发新枝，这是与苹果的不同之处。

七、长枝有春、夏梢，没有秋梢

梨树的长、中、短枝的划分与苹果基本相似，但也有所不同。长枝是在中枝的基础上，又生长了一段时间，在6月下旬以前停止了生长。这段新梢虽然与苹果的秋梢相似，但因它是5月下旬至6月下旬生长的，所以称为夏梢。春梢上的芽与枝条所成的夹角较大，夏梢上的芽与枝条所成的夹角较小（图3-1）。在修剪的过程中，应充分利用这一特点，以开张角度。无论春、夏梢上的芽都非常充实，这一点也与苹果有所不同，修剪时要充分注意。

图 3-1　梨夏梢

第二节　整形修剪的原则与依据

一、整形修剪的原则

要科学地进行梨树修剪，就必须掌握以下几个原则。即"有形不死，无形不乱，因树修剪，随树作形"、"统筹兼顾，长远规划，均衡树势，从属分明"、"以轻为主，轻重结合，灵活掌握"、"抑强扶弱，正确促控，合理用光，枝组健壮"。要有利于健壮树势，有利于提早结果，有利于丰产稳产，有利于生产优质果品，有利于梨园长期的经济效益，并能适应当地的环境条件。

二、整形修剪的依据

在坚持以上原则基础上，还必须依据下列因素进行调整才能发挥修剪的应有作用。

（一）依据品种特性

品种不同，生长结果习性也不尽相同，修剪方法也不同。韩国砂梨品种黄金、水晶、新高、圆黄、华山、鲜黄、秋黄等品种，幼树期间大多以腋花芽结果为主，修剪时要用短截的方法来促发新梢，以尽快形成较大的枝叶量，提高产量。而有些砂梨品种的花芽多在顶芽上，为早期结果并尽快地形成较大的树体结构，修剪时要减少短截的数量，多留顶花芽结果。砂梨中的秋月、新世纪、丰水、南水等，主要以短枝结果为主，修剪时要多缓放，以尽快形成较多的花芽，结果以后要对除延长枝以外的枝及时进行回缩，以防止结果部位外移，造成内膛空虚，后期产量下降。

（二）依据树龄和树势

梨树幼树的修剪要轻剪长放，多行拉枝、摘心、缓放、短截等技术措施，少用疏除、回缩等。进入结果期以后要多用疏除、回缩等剪法，少用缓放、拉枝等。衰老期为了延长结果年限，要多用回缩更新的剪法，恢复树势。树势较旺的可以采用环剥、环割，并少短截多疏除；树势较弱的要多采用短截、回缩等技术手段，少用缓放、疏除等剪法。判断树势的强弱要依据一年生枝的生长量和健壮情况，夏梢的数量和长度，以及芽的饱满情况来进行。一般芽大而饱满，颜色光亮，枝条皮层厚，色亮，皮孔大而突出，中间髓心小而充实，这种情况的就是树势健壮的表现。枝条弱而细，芽小而秕，皮薄，抽生的新梢短，这种情况的就是树势弱的表现。

（三）依据地力和环境优势

地力较好的地块，树势一般较旺，所以要多行缓势修剪。所谓的缓势修剪，就是采取减缓树体长势的剪法，即多用拉枝、缓放、疏枝、环剥、环割、目伤、摘心、绞缢等技术措施。地力较差的地块，一般树势较弱，应多采用促势修剪。所谓的促势修剪就是采取促进树体长势的剪法，即多用短截、回缩，少用拉枝、缓放，以及其他缓势修剪的方法。地力较好的地块一般应定干较高一点，以 70～80cm 为宜，主枝数应少一点，层间距适当大一点，一般在80～100cm 的范围内。地力较差的地块一般应定干较低一点，以 50～60cm 为宜，层间距小一点，一般在 50～60cm 的范围内。另外还要考虑到气候、密度、砧木、病虫的防治等条件，来具体确定修剪方法。比如在山东省的胶东地区有一半的年份出现晚霜危害，幼树的修剪就必须保留部分背上枝，培养成小型结果枝组，即使不用来结果，也必须保留。因为据笔者多年调查，一般的年份在 4 月下旬发生晚霜，而在叶片下的幼果一般很少发生冻害。相同条件下，修剪时保留背上枝并重截的，一般在翌年发 2～3 个枝条，且叶片大而厚，较好地保护了下部果实不受晚霜危害。

（四）依据修剪反应

修剪反应是梨树修剪的重要依据，也是判断修剪是否正确的重要标准之一。修剪反应一般从两个方面来看，一是看局部反应，即某一枝条短截或回缩后，在剪口下看萌芽、抽枝、结果、花芽形成的表现；二是看整体反应，即修剪后看全树总的生长量，新梢长度，枝条的成熟度、密度、花芽形成的多少、果实产量和质量。依据修剪反应来明确修剪方法及技术措施、修剪的轻重程度，就可以进行正确的修剪。

（五）依据管理水平

梨树的整形修剪必须与管理水平相结合，整形修剪的作用在管理水平高的梨园能得到很好的体现。不同的栽培模式需要不同的整形修剪方式，修剪的轻重程度也不尽相同。如密植的园片则需要较小的冠径和较矮的树冠，稀植的园片则需要较大树冠和较大的冠径。总之，只要根据不同的条件来进行不同的整形修剪，就会达到较好的效果。

第三节　树相诊断

正确的树相诊断是合理进行树体整形修剪的前提。只有准确地判明树相才可以在对树体调控时做到"有的放矢"，这也是修剪经验的体现。目前梨树的整形修剪，正是借助于这种经验来确定枝条的去留及短截、回缩程度，确定枝条留果量的多少等。

一、树相诊断方法

（一）碘化钾染色法

落叶后，取当年枝条（粗度为 0.5～1.0cm）或老化的根，切成薄片。先点上革兰溶液，然后滴上 5％的碘化钾溶液进行染色。从染色深浅的程度上来判断树体贮藏养分的多少。颜色越深表明贮藏的养分越多，树势越壮；颜色越浅表明贮藏的养分越少，树势越弱。

（二）枝条外观察法

大多数当年生枝条粗壮而有明亮的光泽，枝条的尖削度越小，说明枝条贮藏的养分越多。尖削度越大，且枝条的先端有绒毛，芽体瘦小，说明养分贮藏的越少（图 3-2）。

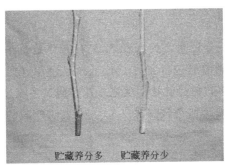

贮藏养分多　　贮藏养分少

图 3-2　枝条贮藏养分的多与少

（三）枝条弯曲比较法

将树体外围的发育枝进行弯曲比较，曲部越偏于先端部分，说明枝条贮藏的养分越多；越靠下部弯曲的枝条，养分贮藏得越少，即使这种枝条粗壮且数量多，也不能说明贮藏的养分多。

（四）手感观察法

用修枝剪短截粗度和部位相同的枝条，手感硬度较大，木质部厚、髓心小，说明枝条贮藏的养分多（图 3-3）；反之，修剪时感觉枝条软而省力、木质部薄、髓心大，则说明枝条贮藏的养分少。

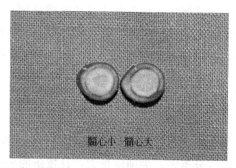

图 3-3 髓心小与髓心大

（五）观察花芽法

整个树体花芽适量，约有 50% 左右的芽是花芽，而且花芽饱满充实，鳞片光滑且包得紧密，有光泽且色深（图 3-4），说明树体贮藏的养分多，树势健壮；反之，花芽或过多或过少，膨松、有绒毛、鳞片有光泽但色浅（图 3-5），则表明贮藏的养分少，树势较弱。

图 3-4 花芽质量好

二、春季树相诊断

（一）发芽叶色表现

生长健壮的树在春季发芽时，所萌发的芽先是浓赤色，且保持

图 3-5　花芽质量差

的时间也比较长，后转变为绿色。赤色（花青素）是一种配糖体，赤色保持的时间越长，说明树体内贮藏的养分也越多。氮素不足时，虽然发芽时也表现为赤色，但叶片小而且薄，赤色在展叶后不久就消失，转为绿色的时期极慢。

（二）发芽大小表现

据日本研究，梨树在展叶后最初出现的小叶称为豆叶，豆叶的大小与树体贮藏养分的多少有密切关系。豆叶的大小最能代表树体的营养水平，因为它的大小与树体贮藏营养的多少成正比，而且不受修剪强度与春季施肥所左右。

（三）开花表现

贮藏养分多的树，在开花时花序周围至中心渐次增高，花序呈圆锥形；而贮藏养分少的树，在开花时花序平坦；贮藏养分多的树花粉发芽率高，贮藏养分少的树花粉发芽率也低。

第四节　芽 的 种 类

一、叶芽

梨树枝条上的芽，萌发后只能抽生成枝叶的芽，称为叶芽。叶

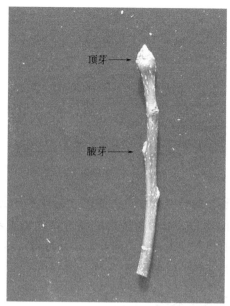

顶芽 ——→

腋芽 ——→

图 3-6 顶芽和腋芽

芽分为顶芽和腋芽（图 3-6）。叶芽一般个体较小、较瘪。梨树的叶芽萌芽率较高而成枝力较弱，品种的不同，萌芽率和成枝力也不尽相同。白梨叶芽的萌芽率和成枝力中等；秋子梨叶芽的萌芽率高而成枝力弱；砂梨（如黄金、水晶、新高等）萌芽率高而成枝力极低；西洋梨的叶芽萌芽率高而成枝力中等。梨树的叶芽早熟性差，一般不抽生二次枝。

（一）顶芽

着生在枝条顶端的叶芽。这类叶芽一般芽体较大、较圆，短枝上的顶芽比较饱满，中枝和长枝上的顶芽一般饱满程度较差。

（二）腋芽

着生在枝条的叶腋间，又称为侧芽。在同一枝条上，一般中部和上部的腋芽较饱满，基部的腋芽一般饱满度较差，萌发后的叶片也较小。这主要是基部的芽原基发育时间短，营养不足造成的。从整个枝条来看，中部的腋芽最饱满，质量也最好，在选留延长枝时一般应选留中部的侧芽。

二、花芽

梨树花芽为混合花芽，即一个花芽内既有花器官又有枝叶器官（图3-7），也就是说开花时既可开花又可抽生枝叶。花芽按着生位置来区分，可以分为腋花芽和顶花芽（图3-8）。

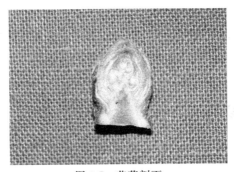

图3-7 花芽剖面

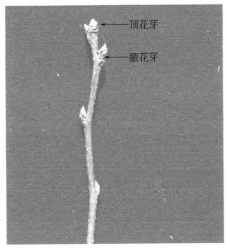

图3-8 腋花芽和顶花芽

（一）腋花芽

着生在枝条的叶腋间的花芽，称为腋花芽。腋花芽是梨树幼树结果的主要花芽，腋花芽的多少与品种有关，如砂梨品种中的黄金、水晶、秋黄、爱甘水等都是容易形成腋花芽的品种，因而也早实性强；而中国梨品种中的绿宝石、七月酥等则不易形成腋花芽，进入结果期也晚。

（二）顶花芽

着生在枝条顶端的花芽，称为顶花芽。顶花芽是梨树长期结果的重要依靠，大多数梨树品种在进入结果期以后，一般以顶花芽结果为主。

三、中间芽

是梨树顶芽的特殊类型。从外部看很像花芽，而实是叶芽。主

图 3-9　中间芽

要是在发育过程中营养不足所造成的。翌年萌发后一般抽生短枝，若营养条件不好，则继续成为中间芽（图 3-9）；营养条件好，则分化为花芽。

四、定芽

着生位置固定，或按固有的顺序排列，在枝条的顶端和叶腋间的芽，称为定芽（图 3-10）。如顶芽和腋芽都属定芽。

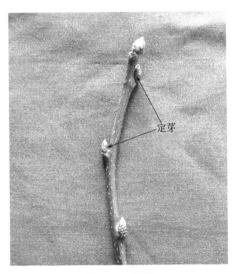

图 3-10　定芽

五、不定芽

着生位置不固定，或萌生于定芽以外位置的芽，称为不定芽（图 3-11）。这种芽一般不萌发抽梢，重短截后不定芽可以萌发，其生长势较强，易形成徒长枝。

六、活动芽

在正常情况下，芽体在第二年可以正常萌发的芽，称为活动芽

图 3-11 不定芽萌发

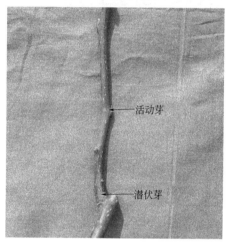

←活动芽

←潜伏芽

图 3-12 活动芽与潜伏芽

（图 3-12）。

七、潜伏芽

在正常情况下，芽体在第二年或多年后仍然不萌发的芽，称为潜伏芽（图 3-12）。这种芽在经过刺激后，营养经过转流到芽体，可以促使其萌发。可以在衰老树体的更新复壮上和光秃带生枝上，加以利用。

八、饱满芽

春梢和夏梢中部以及枝条顶端发育充实、鳞片紧密、比较肥大的芽，称为饱满芽（图 3-13）。饱满芽多数为叶芽，有时为腋花芽。

九、半饱满芽

是发育不充实的叶芽（图 3-13）。一般情况下分布在枝条的顶芽以下至中部饱满芽之间、枝条中部饱满芽至基部瘪芽之间和有夏梢的轮痕附近。这类芽萌发后常常抽生中、短枝。

十、瘪芽

发育瘦弱短小的梨芽，称为瘪芽（图 3-13）。着生在枝条的基部轮痕与半饱满芽之间、枝条上部顶芽与半饱满芽之间和夏梢枝条中部轮痕与上、下半饱满芽之间。

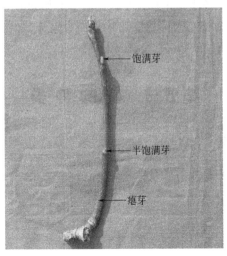

图 3-13 饱满芽、半饱满芽、瘪芽

十一、主芽

在叶腋中央发育最充实的芽（可以是花芽或叶芽）称为主芽（图3-14）。这种芽容易萌发为枝条或开花结果。

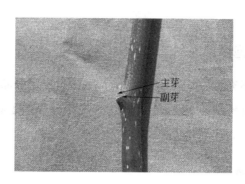

图 3-14　主芽与副芽

十二、副芽

在主芽两侧各生一个极微小、肉眼不易见到的芽称为副芽（图3-14）。这种芽如不受到刺激，常潜伏而为隐芽，但主芽受损伤时，能萌发。

第五节　枝的种类

一、新梢

芽在当年萌发并形成有叶片的枝，称为新梢。

二、春梢

在一个当年新梢上春季生长的部分，叶片大，芽体饱满，称为春梢（图3-15）。

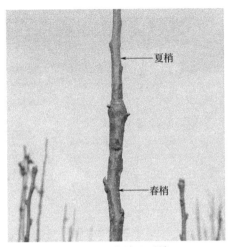

图 3-15 春梢、夏梢

三、夏梢

梨树与苹果树不同，没有秋梢，只有夏梢。在春梢的基础上夏季继续生长的部分，称为夏梢。

四、副梢

有一些生长很旺的梨树，在新梢加粗加长的同时，着生在叶腋间的腋芽也能在当年萌发形成新梢，这种新梢称为副梢或二次枝（图 3-16）。一般梨树品种多不萌发副梢，一些生长势强的砂梨品种，如黄金等则易发二次枝。

五、果台枝

在结果的同时，果台上还能抽生 1～2 个枝条，这种枝条称为果台枝或果台副梢（图 3-17）。

六、一年生枝

新梢落叶后到第二年萌发前，称为一年生枝（图 3-18）。一年

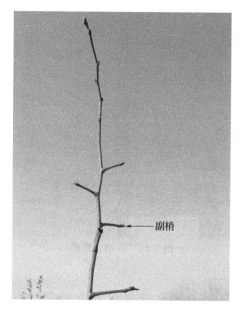

图 3-16 副梢

图 3-17 果台枝

生枝按生长的长度又分为长枝、中枝、短枝。

（一）长枝

着生叶片数在 15～30 片，长度在 30～50cm，长者可达到 100cm 以上的枝条，称为长枝。

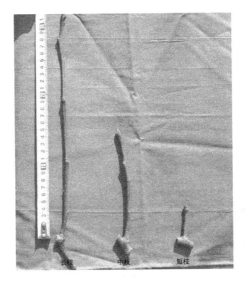

图 3-18　一年生枝

（二）中枝

着生叶片数在 6～12 片，长度在 10～15cm，一般不超过 30cm 的枝条，称为中枝。

（三）短枝

着生叶片数在 3～7 片，节间很短，长度一般不超过 5cm，叶腋间不具有侧芽，或具有发育不很充实的侧芽，只有一个顶芽的枝条，称为短枝。

七、二年生枝

生长时间已经达到两年的枝条，称为二年生枝（图 3-19）。依此类推，生长达到三年的，称为三年生枝；生长达到三年以上的枝条，称为多年生枝。

图 3-19　二年生枝

八、结果枝

梨树的枝条上着生花芽的，称为结果枝。按其长度可以分为长果枝、中果枝、短果枝和短果枝群（图 3-20）。

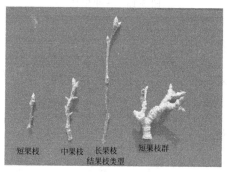

图 3-20　结果枝

（一）长果枝

长度在 15cm 以上的结果枝，称为长果枝。

（二）中果枝

长度在 5～15cm 的结果枝，称为中果枝。

（三）短果枝

长度在 5cm 以下的结果枝，称为短果枝。

（四）短果枝群

短果枝群就是密集生长的短果枝。短果枝结果后，果台上又着生短果枝形成新的果台，这样连续几年，靠果台上形成短的果台副梢分枝，就形成了密挤的短果枝群。短果枝群一般没有营养枝，而且分枝都很短，不易调节生长和结果的关系。

九、发育枝

一年生枝上不着生花芽，只有叶芽，称为发育枝或营养枝（图3-21）。

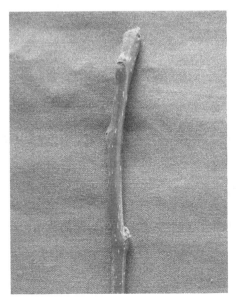

图 3-21 发育枝

十、主枝

着生在主干上，用以不断延长和扩大树冠的永久性骨干枝（图 3-22）。其排列顺序为自下向上，依次称为第一、第二、第三主枝等。

图 3-22　主枝

十一、侧枝

着生在主枝上的永久性骨干枝（图 3-23）。从着生的基部开始，依次称为第一、第二、第三侧枝。

十二、副侧枝

着生在侧枝上，用来配置中、小枝组的枝条，称为副侧枝（图 3-24）。

十三、延长枝

各级枝的先端，用以继续延长生长的一年生枝，称为延长枝

图 3-23　侧枝

图 3-24　副侧枝

（图 3-25）。一般为着生在剪口以下的第一或第二个分枝，有时也可能是第三个分枝。对延长枝的选择应根据具体情况来实施，枝势过强应用弱的延长枝带头，枝势过弱应用强的延长枝带头。

十四、中央领导枝

树干以上，在树冠中心向上直立生长的骨干枝，称为中央领导枝或中央领导干（图 3-26）。中央领导枝的选留要视具体情况而定，若树势上强，应利用生长势较弱的枝条领头或换头；若树势下强，则应利用长势较强的枝条领头。达到一定的高度或树龄，应及时将中央领导枝去掉。

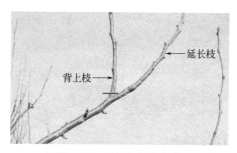

图 3-25　延长枝与背上枝

图 3-26　中央领导枝

十五、骨干枝

中央领导枝、主枝、侧枝都是树冠的骨架，称为骨干枝（图 3-27）。

十六、直立枝

一个直立生长的一年生枝条，顶芽萌发后常直立生长，下部萌发后形成的枝条依次渐短，且角度也逐渐加大，其中直立生长的枝

图 3-27　骨干枝

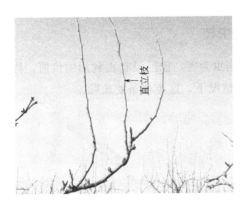

图 3-28　直立枝

条，称为直立枝（图 3-28）。

十七、徒长枝

　　一般由潜伏芽萌发而成，从内膛萌发的，生长很旺，芽较瘪且不易形成花芽，称为徒长枝（图 3-29）。这类枝条一般情况下要疏除。

图 3-29　徒长枝

十八、病虫枝

枝条受到病虫为害，已经没有再利用的价值，称为病虫枝（图 3-30）。大多数情况下，这类枝条要疏除。

图 3-30　病虫枝

十九、并生枝

在中干或主枝的水平面上，两个枝条相距很近，长势相差不大，枝龄相当，这类枝条称为并生枝（图 3-31）。

图 3-31 并生枝

二十、平行枝

两个枝条在同一水平面上平行，长势相差不大，称为平行枝（图 3-32）。一般着生在中心干上。

图 3-32 平行枝

二十一、交叉枝

在中干或主枝上萌发的两个枝条，这两个枝条呈交叉状态，相互交织，相互干扰，称为交叉枝（图 3-33）。

二十二、重叠枝

两个枝条相距很近，长势与枝龄相差不大，这类枝条称为重叠

图 3-33　交叉枝

图 3-34　重叠枝

枝（图 3-34）。主要着生在中干或主枝的垂直面上。

二十三、轮生枝

在很短的一段母枝上或同一平面内，呈轮状排列三个以上的枝条，称为轮生枝（图 3-35）。

二十四、水平枝

生长方向呈水平角度，即与水平线夹角为零的枝条，称为水平

图 3-35 轮生枝

图 3-36 水平枝

枝（图 3-36）。主要着生在中心干或主枝的两侧及背下。

二十五、背上枝

在水平枝或斜生枝的背上萌发的一部分枝条，枝条垂直于地面生长，称为背上枝。一般着生在主枝或侧枝上。

二十六、回头枝

枝条生长方向与母枝生长方向相反，称为回头枝（图 3-37）。

二十七、裙枝

在第一层主枝基部水平面以下的枝组，称为裙枝（图 3-38）。一般着生在中心干上。

图 3-37 回头枝

图 3-38 裙枝

二十八、下垂枝

枝条的先端呈水平面以下的角度，这类枝称为下垂枝（图 3-39）。一般着生在主枝的背下、中心干上或主枝的两侧。

二十九、斜生枝

枝条延伸方向与水平线呈 45°左右，称为斜生枝（图 3-40）。一般着生在大枝的背上、两侧或中心干上。

三十、辅养枝

从中心干或骨干枝上分生出来的，作为临时补充空间用的，并用来辅养树体，增加产量的枝，称为辅养枝（图 3-41）。

图 3-39　下垂枝

图 3-40　斜生枝

图 3-41　辅养枝

三十一、竞争枝

剪口以下的第二芽萌发后，往往比第一个芽萌发后形成的枝条长得旺，或者长势差不多，这类枝称为竞争枝（图 3-42）。

图 3-42　竞争枝

三十二、跟枝

大树中心干落头后，在最上端主枝的对侧生长的、较小的枝，称为跟枝（图 3-43）。其主要作用是起到加快伤口愈合、占据空间和遮光防止骨干枝日灼。

图 3-43　跟枝

三十三、分枝

剪口以下的第二个芽和以后各芽所萌发形成的一年生枝，称为分枝（图 3-44）。

图 3-44　分枝与母枝

三十四、母枝

能分别着生不同的枝条的枝，称为母枝（图 3-44）。一般情况下，母枝的枝龄比子枝的大，如中心干是主枝的母枝等。

第六节　枝组种类

全称为结果枝组，是树体的基本单位，是梨树结果的主要部分。主要着生在中心干、主枝、侧枝、副侧枝、辅养枝上。

一、小型枝组

具有 2～5 个小的分枝，高约 25cm，宽约 20～30cm，枝龄约 2～3 年的结果枝组，称为小型枝组（图 3-45）。

二、中型枝组

具有 6～15 个小的分枝，高约 30～50cm，宽约 40～60cm，枝龄约 4～7 年的结果枝组，称为中型枝组（图 3-46）。

图 3-45　小型枝组

图 3-46　中型枝组

三、大型枝组

具有分枝约 16 个以上，由几个中型、小型结果枝组构成，高约 50～80cm，宽约 50～70cm，长势强，寿命长，可以进行更新的结果枝组，称为大型枝组（图 3-47）。

四、单轴枝组

由长枝连年缓放而形成，呈单轴延伸状态生长，且延伸较长的结果枝组，称为单轴枝组（图 3-48）。

五、背上枝组

生长在主枝背上的结果枝组，称为背上枝组（图 3-49）。背上枝组要及时加以控制，防止直立生长过旺，形成树上树。

图 3-47　大型枝组

图 3-48　单轴枝组

图 3-49　背上枝组

六、侧生枝组

　　着生在主枝、侧枝、辅养枝侧向的结果枝组，称为侧生枝组（图3-50）。生长势较为缓和，角度较为开张，系梨树永久性结果枝组。

图 3-50　侧生枝组

七、下垂枝组

　　着生及延伸在主枝、侧枝、辅养枝的背下，呈下垂状态生长的结果枝组，称为下垂枝组（图3-51）。生长较弱，易早结果，随着枝龄的增加，要逐步进行回缩，使之紧凑并延长其结果寿命。

图 3-51　下垂枝组

八、强旺枝组

　　枝组内新梢多，生长旺，结果少或不结果，这类枝组称为强旺枝组（图 3-52）。

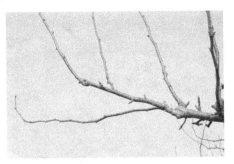

图 3-52　强旺枝组

九、中庸枝组

生长中庸，长、中、短枝比例适宜，一般长枝占 25％～30％，中、短枝占 70％～75％。新梢长约 30～40cm，易于更新复壮，可以连年丰产（图 3-53）。

图 3-53　中庸枝组

十、衰弱枝组

长势较弱，中、短枝比例多，长枝比例少，新梢长在 20cm 以下，这类枝组称为衰弱枝组（图3-54）。

图 3-54　衰弱枝组

十一、紧凑枝组

枝轴短，形态紧凑，基部光秃带短或无光秃带，结果多，生长中庸，短枝多，长枝少，可以进行更新，比较稳产高产（图3-55）。

图 3-55　紧凑枝组

十二、稀疏枝组

枝轴长，枝组高大，基部光秃带长，分枝稀疏或枝条虽多但结果枝少，枝组所占空间大，枝组内无效空间也大，单位面积产量低，易出现大小年（图3-56）。

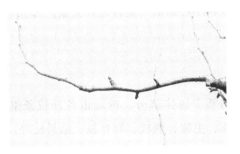

图 3-56 稀疏枝组

第七节 其 他

一、树干

从根颈以上到着生第一个分枝的部位，叫树干，也叫主干（图 3-57）。其主要作用是支撑整个树冠，并起着在地上部分与地下部分之间输导水分和养分的作用。根系吸收的水分和矿物质要经过树干输送到树上部位；树上叶片合成的光合产物要经过树干输送到地

图 3-57 树干

下的根系。所以树干的高低与是否健壮完整，都会影响树体的正常生长发育。

二、树冠

树干以上的整个树体部分。树冠由各种枝条组成，枝条又分为：中央领导枝、主枝、侧枝、发育枝、结果枝等。

三、层性

由于顶端优势的作用，树冠上的枝条在多年生长后，形成了层次，这种现象叫层性。

四、顶端优势

位于顶端或接近顶端的侧芽所萌发的枝条生长势最强，向下依次减弱，这种现象叫顶端优势（图 3-58、图 3-59、图 3-60）。

图 3-58　顶端优势——倾斜枝

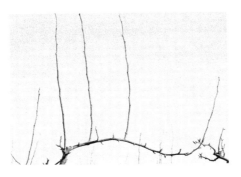

图 3-59 顶端优势——弯曲枝

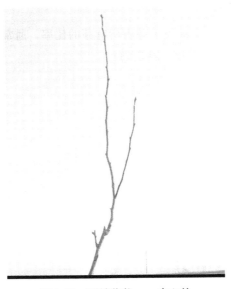

图 3-60 顶端优势——直立枝

五、尖削度

枝条下部的粗度与上部的粗度相差的程度，叫尖削度（图 3-61）。

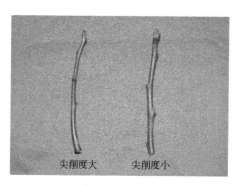

图 3-61　尖削度

六、萌芽率

一年生枝条上，萌发的芽占所有芽的比率，通常以百分数来表示，叫萌芽率（图 3-62、图 3-63）。

图 3-62　萌芽率高

七、成枝力

一年生枝条上，芽抽生成长枝的能力，叫成枝力（图 3-64、

图 3-63　萌芽率低

图 3-64　成枝力强

图 3-65、图 3-66）。

八、轮痕

梨树枝条的基部以及春梢与夏梢交界处，小叶脱落后，留下的

图 3-65　成枝力中等

图 3-66　成枝力弱

近似环形的叶痕，称为轮痕（图 3-67）。

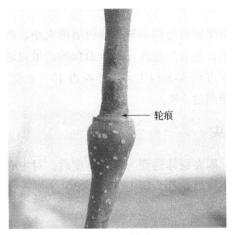

图 3-67　轮痕

九、芽的异质性

芽的质量，即芽的大小和饱满程度，在一株树或一个枝条上均有一定的差别，这种差别称为芽的异质性（图 3-68）。

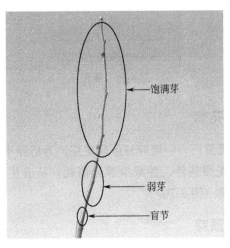

图 3-68　芽的异质性

十、整齐度

整齐度是指梨园内每棵梨树之间树冠的大小、产量高低的相差程度。差别越小，整齐度越高，单位面积的产量也越高。高产梨园中，高产树必须占到 80％以上，中产树占 15％，低产树和空怀树、幼树、空株不能超过 5％。

十一、落头

又称开心，即在树体达到一定的高度后，对中心干延长枝进行回缩到顶端的主枝处，称为落头（图 3-69）。

图 3-69　落头

十二、齐花剪

梨树枝条缓放后，一般较易形成花芽。为培养小型结果枝组或改善树冠内的光照条件，并减少养分消耗，从着生花芽处进行缩剪，称为齐花剪（图 3-70）。

十三、破顶芽

将顶芽剪去，刺激下部芽眼萌发，形成短枝，称为破顶芽（图

图 3-70 齐花剪

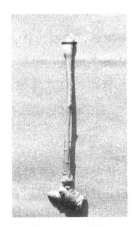

图 3-71 破顶芽

3-71)。

十四、破花芽

将花芽剪去一半（即剪破花芽），使之重新萌发形成花芽，又称为以花还花（图 3-72）。

图 3-72　破花芽

十五、花前复剪

在春季花芽萌动后至开花前进行。以花蕾期最好，过早分不清花芽与叶芽，难以下剪；过晚则营养物质消耗过大，作用不明显。

十六、缓势修剪

缓和树体生长，平衡树势，抑制树体过旺生长。具体方法是：轻剪长放，多行缓放；旺枝多留花，弱枝少留或不留花，以果压枝；疏除旺的枝条，延长枝留侧位芽短截；采用拉枝、捋枝、环剥、环割等技术手段。

十七、促势修剪

促进树体和局部的生长发育，为了提高产量的剪法，叫"促势修剪"，又叫"助势修剪"。具体方法是：在枝条的饱满芽处短截，弱枝留上芽，少疏枝，多短截，多回缩，疏去多余的花芽，目伤促发背上枝等。

十八、里芽外蹬

修剪时留里芽作剪口芽，第二、三芽作外芽；翌年修剪时，剪除由里芽萌生的直立枝，以第二枝或第三枝作延长枝，这种剪法叫里芽外蹬（图3-73）。

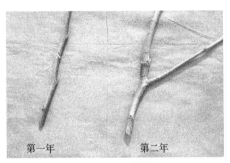

图 3-73　里芽外蹬

十九、背后枝换头

为了开张延长枝的角度，在枝大角度小难以开张时，可以疏除背上枝，留背下枝或去原头留背下和侧生枝作为新头的方法，来开张角度，称为背后枝换头（图3-74）。

图 3-74　背后枝换头

二十、连三锯

对梨树大枝开张角度时，由于枝的粗度较大，难以开张，需在大枝的基部下方，间隔一定的距离连续用刀锯锯三下，以便开张角度，这种做法称为连三锯（图3-75）。

图 3-75　连三锯

二十一、修剪反应

修剪反应受枝条极性和芽的饱满程度以及局部条件的影响。枝条的修剪反应主要在剪口附近。一般条件下，剪得越重，反应也越强烈；不同的品种、不同的时期、不同的地力、不同的树势、不同的剪法，其修剪的反应各有不同，应具体情况具体对待。

二十二、延迟修剪

将冬季修剪工作延迟到春季发芽前后进行，适用于强旺树或个别大枝。其作用是缓和树势和枝势，有利于使树体由营养生长向生殖生长过渡。延迟修剪主要是利用修剪时期与梨树生长时期的时间差，方法与冬季修剪没有差别。

第八节　适宜树形

梨树栽培要据地理、地势、土质等情况的不同，采取不同的树形。如平地密植园，肥水条件较好，可以采用细长纺锤形、二层开心形、圆柱形；沿海风大的地区最好采用"V"字形、日式网架和韩式网架等；山地、梯田、河滩等梨园可以采用疏散分层形、圆头形、三挺身形以及开心形等。

一、疏散分层形

疏散分层形又称主干疏层形。干高 60～80cm，主枝疏散分层排列在中心干上。第一层主枝 3～4 个，第二层 2 个，第三层 1～2 个。第一层主枝与第二层主枝的层间距为 80～100cm，第二层主枝与第三层主枝的层间距为 40～60cm。主枝上着生侧枝，主侧枝上着生结果枝组（图 3-76）。选留主枝时要注意主枝的基角应不小于 45°，基角过小即使大量结果后，也无法令其开张角度。但是，基角过大，主枝生长势易转弱，影响长期的丰产、稳产。全树完成整形后的树高不要超过 5m。这种树形较适宜梨的大部分品种生长结果需求，骨架结构好，通风透光条件好，幼树修剪轻，成形快，结果面积大，单株产量高，是梨园常用的树形之一。

图 3-76　疏散分层形

二、细长纺锤形

该树形适宜密植梨园，是目前采用较多的丰产树形之一。干高 70～80cm，树体高度为 2.8～3.5m，中心干直立、粗壮，有绝对的中干优势。侧生骨干枝不要过长，且不留侧枝，下部的长 100cm 左右，中部的长 70～80cm，上部的长 50～60cm 为宜（图 3-77）。

主干延长枝和侧生枝自然延伸，一般可不加短截。全树细长，树冠下大上小，呈细长纺锤形。侧生骨干枝在中心干上呈螺旋形均匀排列，共有 15～20 个左右，每个骨干枝间距为 30～40cm，不分层次。骨干枝角度为 60°～80°，骨干枝上不留侧枝，单轴延伸，直接着生中、小型结果枝组，一个骨干枝就是一个筒状的结果枝群。该种树形目前在密植丰产梨园中采用较为广泛，树冠紧凑，通风透光好，有利于早结果、优质、丰产，五年生的梨树每 666.7m² 的产量可以达到 4500kg 以上。

图 3-77　细长纺锤形

三、圆头形

过去多用于山地梨园的整形，目前平地丰产园一般较少采用。干高 60～70cm，主干顶端着生 5～6 个大主枝，向四周分布（图 3-78）。主枝上着生侧枝、枝组，树冠呈伞状。由于主枝不分层，所以通风透光较差，内膛易光秃，树体虽大，但有效结果面积较小，结果部位多在树冠外围。

四、三挺身形

该树形由山东青岛地区的果农所创造，又称为开心疏层形。干高 30～40cm，主干顶端着生 3 个主枝，基角为 30°～35°，挺直向上斜伸。每个主枝上有 3～4 个侧枝，呈 70°～80°角。主枝上部向

图 3-78　圆头形

内培养大枝组 2～3 个（图 3-79）。这种树形骨架牢固，主、侧枝少，通风透光条件好，造形简单，比较丰产，适宜树姿不开张的品种；但是这种树形幼树修剪较重，进入结果期较晚，目前一般较少采用。

图 3-79　三挺身形

五、开心形

干高 60cm 左右，主枝基角 50°～60°，腰角 50°左右，梢角 30°，三大主枝呈 120°方位角延伸，各主枝两侧呈 90°配置侧枝，同侧侧枝间隔距离 50～70cm（图 3-80）。适宜株行距为（3～5)m× 4m，树高 2.5m 左右。

图 3-80　开心形

六、圆柱形

干高 40～60cm，有中心干，在中心干上直接着生结果枝组，不留主枝，不分层。树高 2.5～3m，冠径 1.5～2m，呈圆筒形（图 3-81）。圆柱形整形简单，修剪量小，结果早，不用支架，适宜密度较大的梨园采用，稀植梨园一般不采用。

七、二层开心形

又称为主干疏层延迟开心形，具有主干疏层形和自然开心形两者的优点。干高 50～60cm，有两层主枝，共 5 个。第一层有 3 个主枝，第二层有 2 个主枝。第一层主枝开张角度为 60°～70°，第一层主枝与第二层主枝的层间距为 80～100cm。第一层主枝的每个主枝上有 3～4 个侧枝，侧枝上着生结果枝组。第二层主枝与第一层主枝要相互错开，角度为 50°～60°，每个主枝上有 1～2 个侧枝（图 3-82）。树的整体高度为 3m 左右，冠径 6m 左右。该树形在山

图 3-81　圆柱形

东省的莱阳、栖霞、莱西等地的往梨园中广泛采用，目前一般用于密植梨园的后期改造。

图 3-82　二层开心形

八、"V"字形

"V"字形起源于澳大利亚，已在桃、苹果、梨等多种果树上应用。美国、新西兰等应用较为广泛，我国近几年从韩国随着韩国砂梨引入，在胶东半岛应用较为普遍。

主枝呈"V"字生长，树干着生 2 个主枝，不留中心干，两主枝夹角呈 60°，并分别与地面呈 60°夹角斜上生长，架顶枝条间距 2m，树高 2.5～3.0m，冠幅 2.5m 左右（图 3-83）。"V"字形整枝结果早、品质优，便于人工、机械疏果、采收，是实施现代梨树简化省工栽培的优选树形。

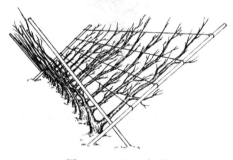

图 3-83 "V"字形

九、日式网架

（一）网架结构

由地锚钩（直径 12mm×长 1300mm 钢筋，上部制作扣眼 4cm，下部焊接 40cm 十字架）、斜立杆（钢筋混凝土制作，300cm×12cm×10cm）、直立杆（190cm×8cm×8cm）、周边围线（6 股 10# 钢绞线）、主线（5 股 12# 钢绞线）、中间副线（10# 钢丝）、接头卡口（围线用大卡口、主线用中卡口）、砣盘（斜杆砣盘 40cm×40cm×10cm，立柱砣盘 30cm×30cm×8cm）组成（图 3-84）。

（二）网架安装

先在梨园的周边挖地锚坑，尺度为 70cm×60cm×120cm，将地锚钩用 150kg 的混凝土在地锚坑内固定并培土，在梨园的周边

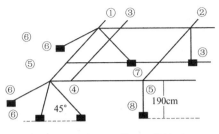

①周边围线 ②主线 ③副线 ④斜立杆
⑤直立杆 ⑥地锚 ⑦斜杆砼盘 ⑧立杆砼盘

图 3-84 日式网架

每隔 5m 安装一个。网架顶部距地面的高度为 190～200cm。安装时在周边每隔 5m 立一条斜向立杆，角度为 45°。具体做法是：先将四个角（每个角各埋两个地锚，立两条斜杆）和地边的地锚埋好，地锚钩的扣眼高出地面 15cm，斜杆拉线与地锚钩挂好，固定角度为 45°，然后将周边围绳和网面主线拉紧，最后网面上每隔 80cm 拉一条副线。网面拉好后，主线每隔一道用立杆顶起。

（三）整形修剪

在定植的第一年将苗木在 80～100cm 处定干，定干后萌发 3～4 个新梢，当年冬季修剪只对中干延长枝短截，其他枝甩放不剪。第二年甩放枝条结果（日韩砂梨易成花，一年生枝即可形成腋花芽结果），中干延长枝又可萌发 3～4 个新梢，冬季再对中干延长枝短截，其他枝甩放不剪。第三年春季树体高达 150cm 左右时，开始架设网架并对中干延长枝所发的 3～4 个枝水平绑缚在架面上。冬季修剪时，将前两年甩放结果的第一层水平枝进行疏除，使结果的重点转移到第二层枝的水平架面上。第四年修剪时，只需将结果架面上的背上枝、枯死枝、病虫枝剪除即可。以后每年冬季修剪只将重叠枝、交叉枝、病虫枝、背上枝、徒长枝疏除；其他枝甩放、回缩或轻短截。

十、韩式网架

(一) 网架结构

韩式网架栽培是采用 (0.6~0.75)m×(5~6)m 株行距,"V"字形整枝。在行间设拱圆形钢管或水泥杆,每隔 5~7m 埋一根,埋土深度为 70~80cm。在地上的 70cm 处开始弯曲,高度一般为 2.5~2.8m。分别在地上的 80cm、150cm、200cm 处设置三道钢丝或钢绞线,将梨树的主干固定在钢丝线上 (图 3-85)。架式类似于中国的春暖式大棚结构,每 666.7m² 的面积费用约需人民币 5000 元左右 (水泥杆结构)。韩国采用钢架结构,钢架结构的造价太高,每 666.7m² 的造价约需人民币 15000 元左右,不符合我国国情,一般在生产上不宜采用。

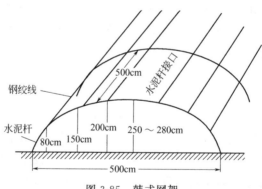

图 3-85 韩式网架

(二) 整形修剪

采用韩式网架栽培的整形修剪,主要采用"V"字形整枝。定植当年将苗木在 70~80cm 处定干,选东西两个方向的主枝,其余的枝、芽全部抹除,冬季修剪时只将两个主枝轻短截 (一般剪留长度为 70~80cm)。第二年春季架设网架,将两个主枝分别引绑在两边的架面上，并开始结果，冬季修剪时只对两个主枝延长枝进行中短截（一般剪留长度为 50～60cm），其他枝条甩放不动。其余年份的修剪同其他果树的"V"字形整枝。

第九节 整形修剪的发展趋势

一、在树冠大小上的转化

由高、大、圆向矮、小、扁演化。过去的梨树大多树体较为高大，一般高度为 4～6m，树形以主干疏层形为主，根叶距大，养分输送距离较远，前期产量低，丰产性差。目前，梨树树形大多采用矮化修剪技术，树冠较矮小，一般不超过 3m，根叶距小，养分输送距离短，丰产性好。栽培中疏花、疏果、套袋、修剪都比较省工、省时，并且早期产量高，经济效益大大提高。

二、在树体结构上的转化

在树体结构上向级次少、充分利用光能、简化修剪程序、缩短成形年限的方向改进，基本上体现了"有形不死，无形不乱"的整形修剪原则。尽量减少整形修剪程序，减少骨干枝的级次，尽可能地提早结果，达到早期丰产的生产目的。

三、在修剪程度上的转化

由过去的重剪向目前的轻剪转化，提倡轻剪长放，以轻短截或缓放为主。由过去的先长树后结果向目前的边长树边结果方向转化；由过去的 6～8 年达到盛果期向目前的 5～6 年达到盛果期转化。

四、在修剪时期上的转化

由过去只搞冬季修剪向四季修剪，尤其重视春季修剪（主要指

5月上旬抹芽或摘心）和夏季修剪。俗语道"冬剪长树，夏剪结果"。

第十节　目前梨整形修剪中存在的问题

目前在梨生产中，由于梨园管理的水平千差万别，各品种间的树体生长情况不尽相同，整形修剪的技术水平参差不齐，不能做到"因树修剪，随枝造形"，造成梨树整形修剪上存在很多问题，主要有以下几个方面。

一、树干过高或过低

梨矮化密植，一般应选择低干矮冠，定干不要太高。生产上存在的主要问题一是定干过高（图3-86），高度在80～100cm，由于定干过高，下部空虚，不易早期丰产；二是定干过低（图3-87），干高在40～50cm，由于定干过低，易出现下强上弱，造成树势不均衡。一般情况下，定干高度在50～60cm比较适宜（图3-88）。若已经定干过高，则可以在定干处的下方目伤或接枝；若已经定干过低，则可以在下部疏枝，在上部短截。

图3-86　树干过高

图 3-87　树干过低

图 3-88　树干适宜

二、上强下弱

上强下弱（图 3-89）是目前梨整形修剪中存在的主要问题之一。由于梨树顶端优势及干性特别强，在连年对中干轻短截的情况下，造成中干生长直立且长势偏旺，下部分枝少而弱，难以选留出主枝。解决方法是在冬季修剪时，对中干要采取重短截的措施，压低中干；若中干已经连续轻剪 2～3 年，则可以采取回缩换头的办法，将中干换成弱枝带头，以减弱中干的生长势。

图 3-89　上强下弱

三、树干上留枝多而低

一般情况下，树干在定植后的 1～2 年，不应留枝过多，应留 3～4 个枝条，用来选留主枝。对距离地面 40～50cm 处的枝条一般情况下不留，应将其疏除。疏枝时，一次不应疏除过多，应分年分次逐步疏除，以免造伤过大，影响树体发育。

四、下强上弱

下强上弱的树（图 3-90），一般是下部主枝过粗，生长势过强，中干及上部枝条生长过弱。造成下强上弱的原因是：冬季修剪时对中干的短截程度太重、对下部的枝条短截过轻，或是由于下部枝条轮生掐脖，也可能是由于中干上结果过多，造成中干生长势偏弱。解决的办法一是疏除过多的主枝，清理大的把门侧枝，按照树形的要求进行主枝数量的控制；二是通过拉枝、撑枝开角，使下部

的枝条生长势减缓、减弱，对中干上的延长枝要轻短截，以促进其
发育，提高其生长能力。

图 3-90 下强上弱

五、修剪过重

在梨栽培中常常遇到修剪过重的问题，由于对品种的特性了解
不够，对枝条短截过多，遇到枝条就破头，造成开头过多，营养生
长过量，生殖生长的量达不到要求，不仅产量上不去，而且还会造
成梨的花萼不脱落（黄金等）。解决办法是掌握修剪的量度，短截
的数量一般不超过枝条总量的 1/3 或 1/4。另一个问题是由于树体
发育不符合理想树形的要求，在冬季修剪时一次疏枝过重，造成伤
口过大、过多，减弱了树势。解决办法是，对要疏除的大枝先锯断
一半，将其压平结果，1～2 年后再将其一次性锯掉。对内膛大的
辅养枝要重回缩，对大的背上枝要疏、压或重短截，减弱强枝的生
长势。对弱枝要以短截、回缩为主，尽量少疏枝，以恢复枝条的生

长势。

六、轮生枝和三叉枝未处理好

梨树体基部轮生枝会导致树干上部衰弱，应疏除一个，重回缩一个。对主枝上的三叉枝应留一个延长枝，进行轻短截，另外两个一个进行重截或进行重压，一个进行缓放结果，待结果后再进行回缩。

七、冠内光照不良

在生产栽培中，常常遇到冠内光照不良的问题，尤其是网架栽培中的日式网架和韩式网架。由于网架栽培枝条有一定的倾斜度，所以当春季芽子萌发时，几乎所有的斜生或背上的芽子全部萌发，造成树冠内光照不良。当树冠下的透光率低于15％时，就会遇到由于光照不良而产生的果实品质下降，严重时会造成早期落叶（黄金梨等）。解决办法是在春季先将斜生或背上的芽尽量抹除，实在来不及抹芽的要在5月中旬前，尽量进行夏季疏枝，以解决树冠内的光照问题。疏枝时不宜将所有的斜生或背上的枝都疏除，要求疏枝时适当保留一部分枝叶，以有利于结果部位对叶面积的需求。

第四章
四季修剪方法

第一节　春季修剪

树相诊断：春季梨树发芽后，幼叶转色快，并且很快变成油绿色；同时长枝基部的叶片和中短枝的叶片大而叶色深，说明贮藏的养分多，是壮树的表现。这种树体发芽整齐，花序大而完整，花朵数多（图4-1）。黄金梨品种一般每个花序有花朵 8～15个，水晶梨品种一般每个花序有花朵 6～10 个，而且花器完整，柱头水嫩，花器寿命长，坐果率高。反之，萌芽后叶色迟迟不变，叶片又嫩又黄，长枝基部及中短枝的叶片少而小；开花后，花朵瘦小（图4-2），花下叶片少而小，这种现象是树体贮藏养分少的表现。

图 4-1　壮树，花朵数多

图 4-2　弱树，花朵数少

一、刻芽

又称目伤。定干后，为防止芽子不按要求萌发，可在芽的上方0.5cm处用刀或锯条刻一道，深达木质部，称为目伤。刻伤是切断局部皮层的筛管或木质部的导管，以阻碍养分的通过或增加局部营养物质的积累。刻背上芽易抽枝，刻两侧芽易出叶丛枝成花。

萌芽前，在芽或枝的上方刻伤（图4-3），向上输送的养分和水分被阻挡在伤口下的芽或枝处，促使其萌发生长，潜伏芽也可能刺激萌发。对平斜枝，在芽的上方进行刻伤，更易使幼树增加枝量，促进成花。

萌芽前，在芽、枝的下方刻伤（图4-4、图4-5），则能抑制芽或枝的生长，使其转弱。

图 4-3　上方刻伤

图 4-4 下方刻伤

图 4-5 下方刻伤后

生长季节，在芽、枝的下方刻伤，下行的营养物质被阻挡在伤口上的芽或枝处，促使其生长；如在芽或枝的上方刻伤，则能抑制芽或枝的生长。

刻芽分为直线刻（图 4-6～图 4-9）和半月形刻（图 4-10、图4-11）。半月形刻法较直线形刻法促进萌发效果更好。

（一）定干刻芽

梨树多数品种成枝力较低，栽培当年定干后很少能萌发出 4～5 个长枝，一般只萌发 2～3 个长枝，满足不了整形修剪的需求。春季发芽前，在树干上的整形带部位，用直线刻的方法进行刻伤

图 4-6 直线刻

图 4-7 直线刻芽后萌发（一）

（图 4-12、图 4-13），促进发枝。

（二）主枝刻芽

幼树形成主枝后，为了增加枝叶量，春季发芽前，对主枝做多道刻芽（图 4-14），每隔 20～30cm 刻一道，深达木质部，促发大量中短枝，效果好的品种当年成花。

图 4-8　直线刻芽后萌发（二）

图 4-9　直线刻芽后萌发（三）

（三）发育枝刻芽

幼树有发展空间的发育枝，春季进行多道刻芽（图 4-15、图 4-16），可以分散营养，促发中短枝，尽快形成结果枝，提高早期

图 4-10　半月形刻

图 4-11　半月形刻芽后萌发

产量。

二、抹芽

春季发芽后，由于顶端优势和背上优势的作用，有的芽不能按要求来萌发，对这类芽萌发后的嫩芽要及时抹去，称为抹芽（图 4-17、图 4-18）。如背上直立枝、内膛徒长枝、延长枝的竞争枝等，

图 4-12　定干刻芽

图 4-13　定干刻芽后

图 4-14　主枝刻芽

这些枝的继续生长不仅扰乱了树形，而且浪费了树体养分。但是抹芽不是将背上芽全部抹去，而是在有空间的地方，适当的选留一部分，用于增加幼树结果枝的数量或用来培养成龄树的预备更新枝。

图 4-15　发育枝刻芽

图 4-16　发育枝刻芽后萌发

图 4-17　抹芽

图 4-18　抹芽后

三、挖芽

传统的抹芽，由于芽基残存在皮层内，过一段时间后会继续萌发，又要进行二次抹芽，费工费时，不利于提高功效。选择要抹除的新梢，用带尖的小刀，在芽眼的基部斜插入皮层，向上挖起芽基（图 4-19）。经过这样挖芽处理的部位，不会再萌发新梢，既省工，又省事，是近几年梨树省工高效栽培的重要技术措施。

图 4-19　挖芽

四、环割

用刀或环割剪在梨树枝或干的一定部位割一定的道数，深达木质（图 4-20）部。一般环割 1～3 道，具体要根据枝或干的长势来确定，树势过旺，可以环割 4～5 道（图 4-21）。环割的好处是比较保险，不易死树或死枝。环割时最好一次环割 1 道，尤其在主干上，一次多道环割易出问题。

图 4-20　环割（一）

图 4-21　环割（二）

五、扭梢

5 月中下旬在枝条的基部将背上枝条扭转，呈 90°水平状态，称为扭梢（图 4-22、图 4-23）。一般情况下，不宜将所有背上枝都扭梢，应选留有空间的来进行。

图 4-22　扭梢前

图 4-23　扭梢后

六、绞缢

梨树生长期，在枝或干的基部，用铁丝或麻绳勒紧（图4-24），随着枝或干的生长，在铁丝或麻绳缢入韧皮部时，将铁丝或麻绳取下（图 4-25），这种方法称为绞缢。

图 4-24　绞缢

图 4-25　绞缢后处理

七、摘心

用手将当年新梢先端的幼嫩部分去除，称为摘心。

新梢若任其自然生长，则养分、水分多集中在顶端的生长点上，下部侧芽得到的较少，发育不良。如果摘心，使新梢暂时停止生长，养分集中在新梢组织内，使侧芽得以发育，芽体饱满充实；翌年萌发后，形成较多的中短枝。

摘心时间一般在新梢长至 20～30cm 时进行第一次，当摘心后的二次枝长至 10cm 左右时进行第二次。摘心可以明显地提高砂梨品种的成花率，增加树体幼树期间的枝叶量。

摘心有如下效果：①促进果实膨大；②调节主枝生长；③调节

结果枝组；④促进新梢侧芽的发育。

实际生产中，对直立枝摘心（图4-26、图4-27），可以减缓其长势，促进侧芽发育；对竞争枝摘心（图4-28、图4-29），可以促进延长枝的长势，减少冬季的修剪量；对果台副梢摘心（图4-30、图4-31），可以促进果实膨大。

图 4-26 直立枝摘心

图 4-27 直立枝摘心后

八、开角

（一）撑枝

发芽前，用冬季修剪下来的无用枝做支棍，将需要开张角度的枝条撑开一定的角度（图 4-32）。当角度稳定后，将支棍除去。

图 4-28　竞争枝摘心

图 4-29　竞争枝摘心后

图 4-30 果台副梢摘心

图 4-31 果台副梢摘心后

图 4-32 撑枝

(二) 牙签撑枝

幼树枝条极易直立。春季发芽前，用牙签在枝条的基部撑开 (图4-33)，以开张角度。

图 4-33　牙签撑枝

(三) 坠枝

用塑料方便袋装土，或用石块坠枝 (图4-34)，开张角度。

图 4-34　坠枝

(四) 开角器

用铁丝曲成"E"形 (图4-35)，开张枝条角度。

图 4-35 开角器

（五）其他方法

如连三锯、里芽外蹬、背后枝换头等，前文已有所述，在此不再赘述。

九、花前复剪

在春季花芽萌动后至萌发前进行。以花蕾期最好，过早分不清花芽与叶芽，难以下剪，过晚则养分消耗过大，作用不明显。

第二节 夏季修剪

在夏季，由于梨树的生长发育特性，一般情况下新梢应及时停止生长。先是中短梢停止生长，后是长梢停止生长，且停长后的长枝上的叶片大而叶色浓绿，这种现象是树体贮藏养分多的表现。反之，在初夏已经停止生长的中短枝又开始萌发，形成夏梢；长梢却迟迟不停止生长，是树体贮藏养分少的表现。

一、拉枝

在夏季的 7～8 月份，将 1～2 年生的枝条按整形的要求拉开

（图 4-36、图 4-37）。一般主枝角度为 60°～70°左右，辅养枝的角度为 80°左右。其他时间尽量不要拉枝，因为在 7～8 月份拉枝不易冒条，且枝条较柔软，不易折断。

图 4-36　拉枝前

图 4-37　拉枝后

在拉枝时还应注意以下几点：①拉绳不要太紧，以免造成枝条绞缢现象。②拉枝必须是对 1～2 年生的枝条，否则拉枝易折断。③拉枝要从基部拉，不能拉成弓形，否则易造成背上冒条。④拉枝前最好是先拿枝，把枝拿软后再拉枝。⑤拉绳必须采用布条（图 4-38）或麻绳，不可以用塑料绳，以免由于风化而造成拉绳松动或拉绳过早断裂。

图 4-38 拉枝用的布条

二、拿枝

在 7 月份，当枝条已达到木质化时，用手将枝条从基部拿软，即听到响声而不破皮，有的地方称为捋枝（图 4-39、图 4-40、图 4-41）。

图 4-39 拿枝前

三、环剥

用刀在枝或干的一定部位割两道，深达木质部，并剥去两道之间的韧皮部，称为环剥（图 4-42）。一般剥口的宽度为梨树枝干直径的 1/10 或 1/8，过宽易引起树体衰弱或死亡，过窄达不到应有

图 4-40　拿枝

图 4-41　拿枝后

的环剥效果。环剥时间，山东省的胶东地区一般在 5 月下旬或 6 月上旬。

环剥是切断韧皮部中的筛管，阻碍了树上叶片制造的光合产物沿韧皮部向下输送，使环剥处以上的新梢叶片制造的有机营养物质的下运被切断，贮存于环剥处以上的枝条内。因此，环剥有利于花芽形成和果实增大。但是，环剥副作用也非常明显，一是易早衰，缩短树体结果年限；二是连续环剥后，结果个头小，果品质量有所下降。

现代梨树栽培应提倡做到："能不剥，尽量不剥；实在不行，再环剥！"

环剥时要注意的事项如下：①剥口去皮要干脆利索，不能用手

图 4-42 环剥

触摸剥口的黏液，环剥后要及时保护剥口，可用塑料薄膜（图4-43）或牛皮纸包扎剥口。②剥口在 20 天内不能接触波尔多液、福美胂等农药。③严格掌握剥口的宽度，一般为 2～3mm。剥后25～30 天愈合（图 4-44），剥后若达不到控制效果，可以在 30 天后再进行第二次环剥。④对主干环剥，虽能起到控制效果，但因控制不好易死树或树势严重衰弱，应慎用。⑤环剥对梨花形成的促进效果明显，使用时结合拉枝等措施，效果更佳。⑥黄金、水晶、园

图 4-43 环剥后包扎

黄、南水、秋月等日韩砂梨品种成花很容易，故一般不在日韩砂梨品种上使用环剥。⑦在树势特别难以控制的情况下，再使用环剥。一般情况下，不提倡使用环剥技术，提倡采取控制氮肥、多施有机肥、拉枝开角等综合技术措施缓和树势，促进花芽分化，不能一味依靠环剥来控冠促花。

图 4-44　环剥后愈合

四、倒贴皮

对不太旺的枝或干，无需直接环剥的，可在环剥后将韧皮部反转倒贴在梨树的枝或干上，这种方法称为倒贴皮。

具体操作时，先用锋利的刀在要处理的位置，掌握好宽度，上下分别呈环状割皮（图 4-45），纵切并用刀尖挑口（图 4-46），将树皮开口（图 4-47），取下树皮（图 4-48），将取下的树皮翻转倒

图 4-45　倒贴皮——割皮

贴于枝干原处（图4-49），使其嵌入并平展（图4-50），用地膜包扎（图4-51）。

图4-46 倒贴皮——刀尖挑口

图4-47 倒贴皮——开口

图4-48 倒贴皮——取皮

图 4-49　倒贴皮——翻转倒贴

图 4-50　倒贴皮——平展

图 4-51　倒贴皮——包扎

第三节 秋 季 修 剪

秋季修剪，对缓和树体生长势，促进花芽分化，提高幼树的抗寒越冬能力，提高来年果品质量，高产稳产至关重要。

一、树相诊断

秋季梨树的枝叶已经停止生长，是树体贮藏有机质的关键时期。这个时期的叶片如果是大而厚，叶色深绿，完整而不脱落，是树体营养水平高的表现（图 4-52）。反之，叶片稀少而小，叶片也薄，且有早期落叶的现象，这是树体营养水平低的表现。

图 4-52 树体营养水平高

二、疏枝

疏枝即疏除密挤大枝、背上旺枝和多余的外围枝。

（一）疏大枝

9 月底至 10 月初采果后落叶前，对树冠郁闭、枝量大的树可分批疏除严重影响光照的大型骨干枝或辅养枝和大型结果枝组等（图 4-53、图 4-54）。这时叶片制造的养分大部分运转到根部和枝干部，对树体影响很小，并有利营养积累。疏枝后要涂抹愈合剂，保护伤口。

图 4-53　疏大枝前

图 4-54　疏大枝后

（二）除萌

9~10月份对背上过旺过密的枝条以及基部和枝先端剪口附近的萌条进行疏除（图4-55、图4-56）。疏后不易冒条，部分伤口当年可以愈合。

（三）疏减

将外围密挤的新梢及背上多余的密生枝、徒长枝、直立枝及重叠枝、内向枝、竞争枝、病虫枝等进行剪除（图4-57、图4-58），防止多头并进。外围枝萌条太多影响后部芽萌发、生长，尤其枝先

图 4-55　除萌前

图 4-56　除萌后

图 4-57　疏减前

端的直立旺枝严重影响延长头生长发育。对外围过密的徒长枝采取"疏大留小，疏直留平"的原则。对中央领导干、主枝延长头具有3～4个旺条的，先疏去1个，冬季再疏去1个，重截1个。这样利用秋冬结合修剪对延长头的生长发育影响较小，并可加强光照，复壮内膛，提高树体贮藏营养水平。

图 4-58　疏减后

三、拉枝

拉枝即对角度不合适的枝拉到所需的角度（图 4-59、图4-60）。尤其是幼树整形期间，拉枝是一项关键的技术措施。

图 4-59　拉枝前

图 4-60 拉枝后

（一）拉枝时间

秋季拉枝时间一般在 9 月份进行。此时拉枝开角，枝条上所有芽发育均衡，分布合理，可避免春季拉枝造成背上枝旺盛，两侧枝衰弱，以及霜降以后拉枝造成外围枝强而后部枝弱的现象。

（二）拉枝角度

主枝 80°左右，辅养枝 90°左右。一般掌握立地条件好、树势旺的拉枝角度要大一些，而立地条件差、树势弱的拉枝角度要小一些。纺锤树形比小冠疏层形的角度可适当大一些。

（三）拉枝方法

对一年生枝可先在基部捋拿软化，然后用布条拉到所需角度固定。对多年生不易拉的枝，可先在枝基部背下拉三锯，深达木质部 1/3 处，再拉到所需角度，然后用布条固定于地面上即可。

四、轻截

轻截即对夏梢幼嫩部分轻截（图 4-61、图 4-62）。9 月份进行适当轻截，可减少养分消耗，有利养分积累，促花效果显著。

图 4-61　轻截前

图 4-62　轻截

五、注意的问题

秋剪还应注意以下几个问题：①秋剪要因势而异，主要对象为旺树，并适当进行，以免削弱树势过多。②秋剪时间不宜太早和太晚，并配合早施基肥。③秋季雨水多，疏大枝的要涂伤口保护剂，以防感病。

第四节　冬季修剪

冬季修剪时，如果所修剪的树体上的枝条长枝较细，尖削度

大，枝条的硬度小，芽体瘦小，鳞片无光泽，而且有绒毛（图
4-63），这是树体贮藏养分不足的表现。反之，枝条的硬度大，尖
削度小，枝条粗壮，芽体大而有光泽，鳞片无绒毛（图4-64），这
是树体贮藏有机、无机养分多的表现。

目前梨树的冬季修剪一般运用以下几种方法。

图4-63　芽小，无光泽

一、短截

又称剪截，就是把枝条适当地剪去一部分。其主要作用是刺激
侧芽萌发，使其抽生新梢，增加枝叶量，保证树体正常生长结果。
短截可分为以下几种：轻短截即剪去枝条全长的1/5到1/4（图
4-65）；中短截即剪去枝条全长的1/3到1/2（图4-66）；重短截即
剪去枝条全长的2/3到3/4（图4-67）；极重短截即在基部仅留1～
2个芽剪截（图4-68），这种方法在梨树修剪中一般不用。因为，
梨树的枝条基部一般没有芽眼，这也是与苹果修剪中最大的区别之

图 4-64　芽大，有光泽

短截部位

图 4-65　轻短截

一。对一年生枝短截，由于减少了芽的数量和枝条的长度，在春季发芽后，保留的枝条能得到较多的水分和养分，所以能刺激剪口下

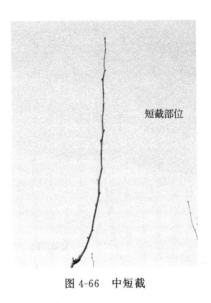

短截部位

图 4-66 中短截

短截部位

图 4-67 重短截

一段枝条上的芽萌发，并抽生较多的比原来生长势更强的新梢，因此对一年生枝条短截，有提高萌芽率和成枝力以及促进新梢生长势

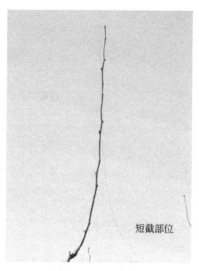

图 4-68 极重短截

的作用。另一方面，由于短截减少了芽的数量，所以发枝的总数有所减少，总叶片数和总叶面积，都比不剪的要少。由于叶面积减少，全年的叶片同化营养物质也相应减少，所以短截有减少枝条生长量的作用，短截越重，减少量也就越大。

在长枝的夏梢中部进行短截，抽生长枝数量最多，但长势较弱，顶端优势有减弱的现象。在长枝的春梢中部进行短截，由于品种和生长势的不同，对修剪的反应也不一样。一般成枝力低的品种，其成枝力往往比在夏梢中部短截的成枝力也低，顶端优势明显。成枝力高的品种，往往不如在夏梢中部短截的高，但是短截后萌发的长枝生长势较强。如果在春梢的中下部短截，成枝力往往更低，顶端优势也更为明显。如果在长枝的基部短截，由于大多数的东方梨品种枝条基部的芽发育不充实或者根本没有芽，所以一般只能由基部的副芽抽生 1～2 个可以用于更新的枝条。对长枝短截的程度越重，抽生的枝条数量越少，在减少的枝条中以短枝减少的最多。因此，梨树短截得重了，短枝减少的也多了，不利于营养物质的积累。由于短截对营养积累不利，所以对成花有不利的影响。无论长枝、中枝，短截越重，成花也越难。

在何时、何地用何种短截方法，一定要根据梨园的地力、品种、树龄、树势、枝条等因素来确定。梨树幼树一般要求轻剪，以轻短截、少疏除为主。一般在结果枝上不采取中短截，结果枝和发育枝一般要缓放不剪，而细弱发育枝一般采取短截处理（图4-69），使之成花；中央领导干延长枝的短截（图4-70）和主枝延长枝的短截（图4-71）则视具体情况，可以采取中短截或重短截；竞争枝和过旺的枝条要采取重短截或疏除处理。

短截时，剪口的倾斜程度不同，对剪口芽的萌发与是否能安全越冬关系较大，不宜倾斜过急、过深，也不宜残留过长（图4-72）。

图 4-69　短截细弱发育枝

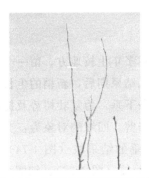

图 4-70　短截中央领导干延长枝

图 4-71　短截主枝延长枝

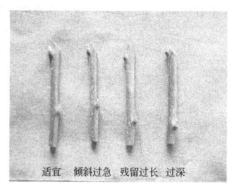

适宜　倾斜过急　残留过长　过深

图 4-72　剪口处理

二、回缩

又称缩剪。是指在多年生枝地方，留一个健壮的分枝，并将前端枝剪除的方法。进入结果期后，新梢的生长逐渐减弱，发的枝大多为短枝，并出现枝条下垂，为复壮树势及提高果实品质，就必须对这些枝条进行回缩修剪。回缩的对象为：交叉、重叠或并生的枝条（图 4-73），已经下垂的结果枝（图 4-74）、多年生缓放枝（图 4-75）、已经结果的辅养枝（图 4-76）、细弱枝组（图 4-77）、延伸过长的单轴枝组（图 4-78）、过于高大的结果枝组、过于密集的枝

图 4-73 回缩并生枝

图 4-74 回缩下垂枝组

图 4-75 回缩多年生缓放枝

图 4-76　回缩已经结果的辅养枝

图 4-77　回缩细弱枝组

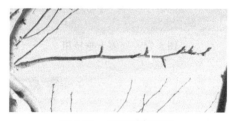

图 4-78　回缩单轴枝组

条、中央领导干需落头的、弱枝需要复壮的等（图 4-79）。

为了开张骨干枝的角度，可以在位置适当、角度适宜，而且具有生长能力的分枝处进行回缩（图 4-80）。为了防止骨干枝单轴延伸过快，防止内膛光秃，可以在骨干枝先端的适当部位进行回缩。为了防止结果枝组的前强后弱，提高坐果率，可以在结果枝组先端

图 4-79　回缩衰弱老枝

图 4-80　在分枝处回缩，以开张角度

的适当部位进行回缩。

　　回缩虽然有上述作用，但是如果运用不当，也很难收到预期效果。当剪口过大，被回缩枝条的枝龄过大、枝条越粗、剪口离剪口枝的距离越近，削弱剪口枝的作用也就越明显。反之，枝龄越小、枝条越细、剪口离剪口枝的距离越远，削弱剪口枝的作用也就越小。在进行多年生枝回缩、更换延长枝时，要注意留辅养枝，以免削弱剪口枝的长势。相反，为了控制辅养枝的长势，回缩时可以使剪口紧靠剪口枝。对主、侧枝背上和外围枝进行回缩时，对剪口枝的促进作用比较明显。对主、侧枝中下部的两侧，背下的大、中型枝组进行回缩时，对剪口枝的促进作用往往就不明显，其促进作用会转移到被回缩枝组所在的骨干枝的背上。对树冠内膛的枝组进行回缩时，促进生长的作用也往往不明显，而对水平生长或下垂的大枝组，一次回缩过重或连年回缩时，往往容易加速这些枝组的过早衰弱，这些现象在进行整形修剪的过程中应充分注意。

三、缓放

又称长放和甩放。是指对一年生枝条放任生长，不进行任何的修剪。甩放并不是对所有的枝条而言，而是指对一部分枝条甩放不剪，多用于发育枝向结果枝的转变和结果枝组的培养。

缓放，是在梨树幼旺树的整形修剪上经常运用的一种方法。缓放较长的枝条由于顶芽延伸，侧芽一般不易萌发强枝，发短枝多，并且由于停止生长早，成花多，结果早。缓放无论对长、中枝，都有一定的减弱长势、增加生长量和降低成枝力的作用。长枝缓放以后，枝条明显增粗，长势明显减弱，中、短枝的数量明显增加，早期叶片的形成数量也多，因而有利于营养物质的积累和花芽分化。中枝缓放以后，其反应因品种不同而有所不同。如莱阳茌梨、香水梨和鸭梨等，由于顶芽具有较强的生长能力，所以缓放后，可以使顶芽继续延伸生长形成中枝，下部的侧芽则可以萌发较多的短枝。另外一些品种如黄县长把梨和大部分的日本砂梨品种，由于顶芽的长势较弱，缓放后，顶芽不能继续延伸生长形成中枝，只能形成短枝而封顶，下部的侧芽也只能萌发形成短枝，有利于花芽形成和早期结果。

由于梨树枝条缓放后有上述反应，为了提早结果，就应对幼树、初果期树的长、中枝进行一定的缓放。在有空间的情况下，尽量多地对一些斜生枝（图 4-81）、水平枝（图 4-82）、辅养枝（图 4-83）、中庸发育枝（图 4-84）、下垂枝（图 4-85）进行缓放，可有效地促进花芽分化，对直立枝可以缓放（见图 4-86）或先拉平后缓放，以形成花芽。

缓放后的效果虽然比较明显，但是如果对一系列的中、长枝连续进行缓放，往往会造成树冠内的枝条紊乱，枝组细长和结果部位

图 4-81 缓放斜生枝

图 4-82 缓放水平枝

图 4-83 缓放辅养枝

外移等不良后果，并且缓放后的枝条若不及时进行疏枝和回缩，任其自然生长还会出现"枝上枝"和"树上树"。对缓放后萌发的强

图 4-84　缓放中庸发育枝

图 4-85　缓放下垂枝

图 4-86　缓放直立枝

枝、旺枝和过于直立的枝条，要及时进行疏枝，以免长势过旺，以后改造困难。大年树要多缓放，使其多成花，使下一年多结果。弱树和小年树要少缓放，以免第二年弱树更弱，大年更大。尤其是砂梨品种，必须要放缩结合，否则就会过早地出现树势衰弱，导致产量和果实品质下降。

四、疏除

又称疏间、疏剪，就是将枝条从基部彻底剪去。可以采取疏除的枝条范围包括背上枝（见图4-87）、内膛徒长枝（图4-88）、交叉枝（图4-89）、病虫枝（图4-90）、重叠枝（图4-91）、并生枝（图4-92）、竞争枝（图4-93）、多余主枝（图4-94）、下垂枝（图4-95）、多余花枝（图4-96）、轮生枝（图4-97）、衰老果台枝（图4-98）等不宜利用的枝条。

图 4-87　疏除背上枝

疏枝在下列情况下应用：一是为了促进局部枝条的生长，可以在该枝的上部疏去一个或几个枝条，为了削弱局部枝条的长势，可以在该枝条的下部疏去一个或几个枝条。二是为了促进隐芽的萌发或使细弱短枝转旺，可以采取在其前端疏枝，达到抑前促后的目

图 4-88　疏除内膛徒长枝

图 4-89　疏除交叉枝

图 4-90　疏除病虫枝

图 4-91　疏除重叠枝

图 4-92　疏除并生枝

图 4-93　疏除竞争枝

图 4-94　疏除多余主枝

图 4-95　疏除下垂枝

图 4-96　疏除多余花枝

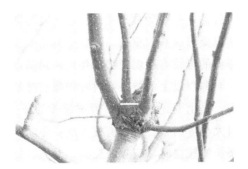

图 4-97　疏除轮生枝

图 4-98　疏除衰老果台枝

的。三是为了平衡结果枝组的前后长势，防止赶前丢后，可以在枝组的前部进行疏枝，以促进后部长势。四是为了促进花芽形成，增加营养积累和改善冠内的通风透光条件，可适当疏除过密、过弱的枝组或过旺、过密的枝条。

　　按疏枝轻重程度可分为以下三种："轻疏"即疏去全树枝条总量的 10％；"中疏"即疏去全树枝条总量的 10％～20％；"重疏"即疏去全树枝条总量的 20％以上。疏枝也要按品种、长势、地力等情况来具体实施，一般幼龄树、初果树轻疏；进入结果期以后一方面要结果，另一方面要促进枝条的生长，所以要多行中疏；盛果期大树一般要对过强、过旺的枝条重疏；进入衰弱期后，由于细弱结果枝较多，所以要对这些枝重疏，以促进其营养生长。

疏枝对被修剪的母枝有削弱长势的作用，对剪口下的分枝有增强长势的作用，对剪口以上的枝条有时有增强长势的作用，有时有削弱长势的作用，是削弱还是增强要看被疏除的枝条的长势强弱、角度大小及剪口大小等因素。若被剪枝条的长势弱或角度较小，而剪口以上的枝条长势较强时，疏除弱枝后，对剪口以上的枝就有促进作用，或是没有明显的削弱作用。反之，被疏除的枝条角度大，长势较强且又粗壮，而剪口以上的枝条长势又不强时，疏枝后对剪口的上部就有明显的削弱作用。疏枝对整个树体的关联作用，一般与疏枝的部位有关。当顶端优势的作用大于疏枝剪口的作用时，可以增强疏枝剪口部位以上的长势，反之，就会削弱疏枝部位以上枝条的长势。对中干较高，生长量较大、长势较强的树，当疏除中干上的辅养枝或顶端延长枝剪口下的分枝时，虽然可以削弱中干的生长量，但却能增强延长枝的长势，而对角度大的主枝，在前端疏枝时，就往往有削弱延长枝长势的作用。

疏枝有促进花芽分化的作用。在疏除部分长枝的同时，对其余的长枝进行轻剪、缓放，促进花芽的效果更加明显。由于疏枝可以增加前期的营养物质积累，改善树冠内的通风透光条件，因此有利于花芽分化和果品质量的提高。

大枝疏除时，要求锯口平滑，残桩不能留得太长（图 4-99、

图 4-99 锯口适宜

图 4-100）。锯除方法有两种：一是二次锯除法，先在大枝基部由下向上锯 1/3～1/2（图 4-101），然后再由上向下锯（图 4-102），上下锯口要对齐。二是留残桩法，先在大枝基部以上 20～30cm 的

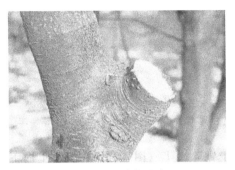

图 4-100　残桩过大

图 4-101　二次锯除法——由下向上锯

图 4-102　二次锯除法——由上向下锯

图 4-103　留残桩法——由下向上锯一半

地方，由下向上锯除一半（图 4-103），再由上向下锯除一半（图4-104），枝干由于重力作用从锯口处下垂折断（图 4-105），最后锯除残桩（图 4-106）。

图 4-104　留残桩法——由上向下锯一半

五、结果枝组的培养方法

（一）先放后缩法

一种培养结果枝组的方法。多用于中枝，少数情况下用于长枝。第一年甩放不剪，第二年回缩到有分枝的地方（图4-107）。

图 4-105 留残桩法——锯口折断

图 4-106 留残桩法——最后锯除

图 4-107 先放后缩法

(二) 先放后截法

一般情况下用于中枝。第一年甩放不剪，第二年在延长枝的基

图 4-108　先放后截法

部短截（图 4-108）。

（三）先截后放法

在大多数情况下用于中枝。第一年短截，如修剪后反应不强，则第二年甩放（图 4-109）。

（四）先截后缩法

一般情况下用于中枝和长枝。第一年根据枝条的长势进行不同程度的短截，第二年去强留弱回缩到有分枝的地方，以培养成结果枝组（图 4-110）。

图 4-109　先截后放法

图 4-110 先截后缩法

(五) 连续短截法

一般情况下用于长枝或中枝培养大型结果枝组。第一年短截，第二年根据需求的不同，选留不同的枝条作为延长枝，并加以短截，继续向前延伸（图 4-111）。

图 4-111 连续短截法

(六) 连续缓放法

一般情况下用于细弱短枝或中庸枝。第一年和第二年都不进行修剪，连续缓放分生中短枝（图 4-112）。

图 4-112　连续缓放法

第五章

不同生长时期的修剪要点

第一节　幼树的修剪

这一时期梨树的修剪，主要是以整形和提前结果为目的。幼树要"以果压树"，控制过度的营养生长和树冠过大。砂梨（如黄金、水晶、新高等）一般在定植后的第二年结果，3～4年形成产量，5～6年达到盛果期。对砂梨的幼树要及时采取拉枝、目伤、摘心等一系列措施。采用的树形，一般以主干疏层形、纺锤形、二层开心形等为主。要根据不同的地力、不同的自然环境、不同的品种、不同的栽培技术、不同的长势来确定不同的整形修剪技术。要因树因地做形，不宜要求一致；要随枝随树做形，不要强做树形。另一条原则是一定要轻剪，总的修剪量要轻，尽量增加前期全树的枝叶量。尽可能地增加短截的数量，使之多发枝，并加强肥水管理。下面以主干疏层形为例（兼顾其他树形），说明1～2年生梨树的整形修剪技术。

一、第一年修剪

首先是定干。就是在定植后的第一年的春季，在苗木的适当位置进行短截（图5-1）。不同的树形要求有不同的干高，一般定干的高度要求在60～80cm，具体情况具体对待。密植园要求一般在80cm左右，稀植园要求一般在60cm左右。由于梨树的成枝力较弱，定干后中干一般发枝较少，所以一般定干后不抹芽。但是梨树

图 5-1　定干

的单个枝条生长较旺，定干后，易抽生较壮的强枝，在 5 月下旬对长枝应及时进行摘心，促进新梢充实和芽体饱满。夏季要扭、疏竞争枝，并在夏季 7～8 月份进行拉枝、捋枝，及时进行开张角度。冬季要对中心干的延长枝进行重短截，剪去枝条总长的 1/2 或 2/3 左右，其他的主枝也要进行短截，强枝行重截，弱枝行轻截。

二、第二年修剪

第二年春季，首先应在缺枝的地方进行目伤，以促发新梢。夏季 7～8 月份应对主枝长度超过 100cm 的进行拉枝。冬季选上端的第一个枝条作中干，并对中央领导干上的延长枝进行重短截。梨树由于顶端优势强，很容易出现上强。如果第一枝表现过强，可以把第一个枝条去掉，留第二个枝，并行重短截，以控制上强，以免出现上强下弱，造成以后改造的麻烦。在中央领导干的下部枝条中，选角度开张、位置合适、方向正确的 3～4 个枝条，用来作第一层主枝。接着对主枝延长枝进行短截，旺枝要重短截，弱枝要轻短截，以平衡树势。选留的第一层主枝的剪口芽，要注意留外侧芽（图 5-2），以便新梢能比较开张地向外延伸，第二芽留在同一侧的方向，以便发枝后不交叉。疏除竞争枝、徒长枝、枯死枝、病虫

图 5-2　留外侧芽

枝。由于幼树发枝少，故对不影响树形和树体结构的枝条，一般不疏除，应尽量利用作辅养枝，待枝量达到一定的程度后再疏除。对中庸的发育枝应缓放，对较旺的发育枝应重短截。在短截过程中要掌握一个原则是，不管短截得轻与重，都要在剪口下留几个饱满的芽，以利于发枝和保持优势。

第二节　初果期树的修剪

目前栽培的日韩砂梨一般第三年进入初果期。

一、第三年修剪

第三年的春季，先将多余的芽萌发后及时抹芽。夏季应摘心、拉枝。在冬季修剪时，基部选留的第一层主枝已基本稳定，要对主枝延长枝进行短截，短截的程度要视具体的情况来定。一般情况下，要行中短截。若主枝延长枝长势较旺，则行重短截；若主枝延长枝长势较弱，则行轻短截；若主枝延长枝长势中庸，则行中短截。在中央领导枝上，选留中心向上的健壮新枝，作中央领导枝的延长枝，并行中短截（图 5-3）。中央领导枝的延长枝生长势太强，则必须要重短截，其下面的枝条因为与第一层主枝相距太近，原则上不留作主枝用，可以留用作为辅养枝，对短枝要缓放，以尽快

图 5-3　三年生树的修剪

结果。

在第一层主枝上选留侧枝，应注意其着生部位。一般是第一层主枝上的第一侧枝，都应在相同的侧面，即第一侧枝都应着生在主枝的左侧或右侧。绝不能第一主枝的第一侧枝着生在左侧，而第二主枝的第一侧枝着生在右侧，这样的话侧枝间相互交叉，扰乱树形，并给以后的主、侧枝的选留造成很大的不便，影响产量的提高和丰产的稳定性。

由于梨的发枝量少，在第二年未选留出第一层主枝的部位，可利用中心枝抽生的枝条再选留合适的主枝。注意其着生的角度和延伸的方向，并注意开张角度，多行拉枝、坠枝、压枝等技术手段。

二、第四年修剪

梨树生长到了第四年的时候，应该根据不同的品种、不同的地力、不同的树形、不同的管理技术水平等因素来处理中央领导枝。如果该品种枝条直立、生长势较旺，如绿宝石、华山、新高等或者是采用日本水平架的，则需将中央领导枝从基部疏除，留下面角度合适的枝条作中央领导枝的延长枝，以缓和树体的生长势。枝条比较开张的品种如秋黄、玛瑙、圆黄等，或者是采用主干疏层形和韩式棚架形未达到顶部的，要继续保留原来的延长枝，可以剪留50cm左右，并在其下选留出第二层的主枝，也就是全树的第四、五主枝。对选留的第二层主枝，要留30～40cm的长度短截。不宜保留的枝条，强枝要疏除，中庸枝或短枝要保留。保留的枝条要缓放或轻短截，以便及早形成较多的花芽，提高产量。

在这一年的修剪过程中，对第一层主枝的修剪与上一年的修剪方法相差不是很多，只不过要在第一侧枝的相反方向选留出第二侧枝，侧枝间的距离要保持在40cm左右。上一年未选留出第一侧枝，这一年一定要选出来，选留的方法与上一年选留的方法相同。对背上枝中表现较为中庸的要破顶芽修剪，较旺的要从基部疏除。其他侧方向或下方向的枝条只要不是很旺的，一般缓放。需要疏除的枝条有病虫枝、枯死枝、徒长枝、并生枝、较旺的竞争枝、较旺的背上枝以及较旺的直立枝等。需要回缩的枝条有交叉枝、重叠枝、下垂枝等。因为是幼树，所以在修剪上还应该以轻剪为主，回缩程度宜轻不宜重。这样既可以调控树势，解决通风透光，又可以保证树体发育和稳步提高产量。

三、第五年修剪

现代的梨树栽培生长到第五年，已基本达到盛果前期，一般情况下在第六年就应该达到盛果期，所以这个时期的修剪就显得特别重要。

对中央领导干上的延长枝，一般采取与上一年一样的修剪的方法，选中央位置的、直立的、生长粗壮的做延长枝。当中央领导枝过强时，竞争枝可从基部一次性疏除。当中央领导枝过强且影响到主枝生长时，可以用换头的方法，选留一个较为开张的侧枝来替代原来的中心枝（图5-4）。这样既能控制中心干的长势，又能促进主枝的扩张和发育。当中央领导枝较弱，但仍强于主枝时，应在竞

图 5-4　中央领导枝换头

争枝上有较大角度的分枝处进行回缩，控制竞争枝的生长，竞争枝减弱而中央领导枝转强后，再从基部疏除多年的竞争枝。若中心枝较弱而竞争枝较强，且弱于主枝时，应用竞争枝代替原来的中心枝（图 5-5），将原来的中心枝从基部疏除。中心枝偏离中心方向的，可以用换头的方法来处理，使中心枝向中心的方向生长。

图 5-5　竞争枝替代原来的中心枝

树冠在形成5～6个主枝以后，中心领导枝的高度一般能达到要求的标准，这时要剪去中心枝的直立部分，使枝头倾斜，控制树体的高度，以增强下部枝组的结果能力。在其下方合适的位置选留出上一年未留好的第五主枝、第六主枝。对主枝的剪留长度要比上一年稍短一些，一般可以留40～50cm，主枝延长枝可采用里芽外蹬和背后枝换头的修剪方法来处理，以开张角度。侧枝延长枝也仍然要短截，一般可留40cm左右。剪口下第二枝应重截，防止过旺（图5-6）。第二层主枝也要留侧枝，因为这一层的主枝较少，故在选留侧枝时不宜太多，要求也不是太严格。

图5-6　侧枝剪口下第二枝重截

对以前所留的辅养枝也要适当地处理，在主枝和侧枝上的各个辅养枝，应缓放和轻截，使其尽快地形成结果能力。对影响主枝和侧枝发育和生长结果的要及时回缩，回缩的程度要重一点，对无法回缩的要从基部疏除，以免影响树冠内部光照，打开光路，以利于各层主枝生长。对背上枝组也要适当地抑制，可以回缩到有弱枝的分枝处，呈斜生角度或者水平。重点还应搞好夏季修剪，对背上、直立、徒长、并生的芽要及时抹芽或摘心，对侧枝角度偏上的要拉下来。

结果枝组的培养要合理，对于以后大树的连年丰产有着重要的意义，树体一旦进入结果期就要特别重视结果枝组的培养和稳定。结果枝组根据大小可分为大型、中型和小型枝组。小型枝组一般在

2～3年就可以培养出来，结果早，但寿命短。大型枝组需要经过较多的年限才可以培养出来，结果晚，但寿命长。中型结果枝组比较居中。枝组的大小可以经过修剪来转换，中、小型枝组可以转换成大、中型枝组；大型枝组可以转换成中型枝组；但是小型枝组转换成中、大型枝组比较困难；只有在控制结果量的情况下，对枝适当短截，促发分枝，才可以逐步发展成中、大型结果枝组。小型结果枝组，结果快，衰弱快，一般寿命短，大多为临时性结果枝组；中、大型结果枝组大多为永久性结果枝组。所以为了早期丰产，应当尽量培养较多的小型结果枝组，但是为了长期稳定产量，还是要培养一定的中、大型结果枝组，以延长其结果寿命和盛果期的产量。在培养中、大型结果枝组的同时不要忽视对小型结果枝组的培养，要在培养大型结果枝组的同时，利用大型结果枝组的空间，加强对小型枝组的培养。总之，大、中、小型结果枝组的培养要科学合理，并有利于早期丰产、高产和稳产。

根据枝组的具体情况来看，枝组分为长大型结果枝组和紧凑型结果枝组。长大型结果枝组多是连年缓放的结果，这类枝组大多是长势缓和，可以萌生较多的短枝，结果早，但是萌发发育枝的能力较差，结果多年后易早衰，易下垂。在幼树和旺树上可以多培养一点这类枝组，以利于早结果和早丰产。进入结果期后，应及时回缩并加以复壮，以防止下垂和早衰。对紧凑型结果枝组，要采取多短截和缓放的方法来培养，这类枝组多着生在中心干和骨干枝上，生长势较强，结果稍晚，但维持结果的时间较长。

根据枝组着生的位置来分，有两侧枝组、背上枝组和背下枝组。背下枝组因长势缓和，在结果初期可以多留一些，以尽快形成产量。背上枝组因长势较强，结果初期可以在缓和长势的情况下，留一部分，待进入结果盛期后再适当疏除。两侧枝组因生长势缓和，更新复壮容易，结果早，在初果期和盛果期可以尽量多地保留，是主干疏层形主要的结果枝组，也是负担产量的主要部分。

这一时期修剪的总原则是，既要整形又要结果，因此必须掌握平衡树势，轻剪长放，疏、缓、截、缩相结合，做到既发展树形又提高产量，既丰产又优质，达到长远与眼前，营养与结果的最佳结合。

第三节　盛果期树的修剪

梨树进入盛果期以后，树形的培养已经完成，生长发育逐渐稳定，开始大量花芽分化和结果，产量也逐步上升，这是有利的一面。不利的一面是，如果肥水条件好的话，往往形成的花芽太多，易出现结果太多，树体表现衰弱，降低了经济结果寿命。因此，这一阶段的修剪任务是调节营养生长与生殖生长的矛盾，控制结果量，保持一定的新梢数量，维持一定的长枝、中枝、短枝的比例，以及发育枝和结果枝的比例，维持结果枝组的稳定性，调节主枝的角度和数量。

一、保持主枝、侧枝的稳定

各主枝在盛果期的表现主要有，延长枝向上生长，造成外强内弱，修剪时要对主枝延长枝重剪或用背后枝换头，以控制主枝延长枝的上翘和旺盛生长。若主枝延长枝周围枝条较多时，要"逢二中截一疏一"（图 5-7）、"逢三中截一疏一重截一"（图 5-8）、"逢四中截一疏二重截一"（图 5-9）。如果外围枝条过多，则宜疏去过多

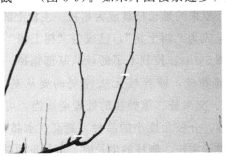

图 5-7　二叉枝的修剪

图 5-8　三叉枝的修剪

图 5-9　四叉枝的修剪

的枝条，尤其是旺枝、背上枝和直立枝。若外围结果过多，则宜疏除多余的结果枝和花芽，并留主枝延长枝的上芽，以防止树体外围过弱。若主枝延长枝的头向下弯曲，则可以利用弯曲部位产生的背上枝作领头枝，原来的延长枝就成为裙枝。主枝上的背上枝组，要适当控制，防止成为"树上树"，已成为"树上树"的，要在适当的位置回缩（图5-10），控制不了的就从基部锯掉。疏除树膛内的徒长枝，回缩辅养枝，辅养枝无法控制的要从基部疏除（图5-11）。对轮生枝、交叉枝、重叠枝的处理要适当，可按具体情况来加以适当的处理。分枝角度小的品种（新高、水晶等），内膛较大的枝干，当有碍于主枝、侧枝的生长时，可行重回缩；当主枝、侧枝大量结果后，角度稳定后，再疏除保留的部分。分枝角度大的品

图 5-10 回缩处理树上树

图 5-11 疏除无法控制的辅养枝

种（华山、圆黄、黄金等），可从基部直接锯除内膛较大的枝干。强弱适中的，可剪去有碍主侧枝发育的部分，使之成为辅养枝。生长较弱而又没有发展余地的，则从基部疏除。

当侧枝对生、交叉、重叠和齐头并进的时候，要及时处理。对生的要回缩有碍邻枝生长的部分，留下有发展空间和生长较强的侧枝。交叉枝要看具体情况确定，若两个枝条都有空间的，要回缩已交叉的枝头，改变枝头的方向，使之向有空间的方向发展。若两个侧枝交叉后没有空间的，可疏去一个侧枝，留一个侧枝来发展。若两个侧枝并生，周围又有较大的枝组时，可从基部剪除；如果这个地方空旷时，可回缩到有分枝的地方，改造成大型枝组。

二、保持结果枝组的稳定

盛果期树的结果枝组稳定，是连年丰产和稳产的基础和保证。所以盛果期树的修剪，主要是如何稳定结果枝组的有效生产能力。对于生产能力强的枝组，要按正常处理使它继续结果。对于生长弱的，分枝多的，结果能力下降的枝组，要在有分枝的地方及时回缩复壮。对于衰老、结果能力下降的枝组，要及时疏除。结果枝组修剪的总体原则是"轮换结果，截缩结合；以截促壮，以缩更新"。在具体修剪时应注意结果枝、发育枝、预备枝的"三套枝"搭配，做到年年有花有果而不发生大小年，真正达到丰产、稳产的生产目的。

要想整个梨树植株保持丰产和稳产，就必须在结果枝组的配置上要求合理。在盛果期结果枝组的配置，一般应选大中型结果枝组、圆满紧凑枝组和两侧枝组。除此之外，还要注意稀与密之间的关系。树体的通风透光条件，除了受骨干枝多少和其结构的影响外，还受枝组的多少和稳定性的影响。若枝组密度过大，则通风条件不好，影响结果和花芽分化。若枝组密度过小，虽然通风透光条件好了，但是结果部位也少了，影响产量的提高以及产量的稳定。因此，枝组的密度必须适宜，太多不行，太少也不行。枝组的稳定性也必须保证，一旦萌发较多的中、长枝，也不利于树体的通风透光条件的改善。在生产中，我们会经常发现背斜和两侧的枝组比较容易控制，而背上生长的枝组不容易控制。对枝组的要求是，既要有大的又要有小的、既要有高的又要有低的、既要有发展的又要有控制的、既要有长期的又要有短期的、既要有长的又要有短的。这样在有同样的枝组数量条件下，反而比枝组大小、长度、发育程度一致的更有利于容纳多的结果枝量，也有利于丰产。

若树势较强，结果枝组有发展余地的时候，就应留延长枝让其逐年扩大。在扩大枝组的时候，还应注意前后的长势，前部较强时就应抑前促后，即用弱枝带头，疏去较强的枝条。前部较弱时应促前控后，用强枝带头，疏去较弱的枝条。若树势较弱时，应对枝组采取回缩更新的方法，来进一步调控树势，稳定枝组结构。

要想进一步维护枝组的稳定性，还要通过枝组间的调控来实现。例如，背上枝组过强，仅仅通过控制背上枝组是不行的，在抑制背上枝组的同时，还要进一步促进两侧枝组的发育和生长。两侧枝组只要生长比较紧凑、布局比较合理，在一般的情况下不进行回缩，尽量让其扩展发育空间，以稳定产量和保持较长的结果年限。若两侧枝组生长过长，且出现下垂的迹象时，就应及时回缩。枝组要轮换结果，一部分枝组可以少留一些果，一部分可以多留一些；第二年可以轮回过来，以防止大小年的出现和树势的不均衡。

进入盛果期以后，梨树很容易形成花芽，所以一定要根据树势来确定留花的数量，多余的要破芽修剪或疏除、回缩，并短截中、长果枝。容易形成腋花芽的品种，若短果枝较多，花芽量也足，周转也够，就不应留着生腋花芽的中、长果枝，进行不留花短截或将花芽剥离。特别是延长枝，一定要剥离花芽，并短截。

在具体操作过程中，对大型枝组要疏、截结合（图5-12），枝

图5-12　大型枝组的修剪

条过旺则疏，有空间延伸则截；对花芽要适当破花，破花数量控制1/3左右。小型枝组由于抽枝较少，重点应实施破花修剪（图5-13）。对单轴结果枝组最好的修剪办法就是回缩（图5-14），并适当结合疏花措施。对已结果下垂的枝组，应在下垂部位回缩（图5-15），防止进一步衰弱。无花、无芽的无用果台枝，应从着生基部疏除（图5-16）。衰弱但有花的老果台枝，应及时疏除无花、无芽的果台，回缩更新（图5-17）。花芽分化正常的果台枝，要及时破花，以花还花，防止衰弱（图5-18）。

图 5-13　小型枝组的修剪

图 5-14　单轴枝组的修剪

图 5-15　回缩下垂枝组

图 5-16　无用果台枝的修剪

图 5-17　老果台枝的修剪

图 5-18　正常果台枝的修剪

第四节　衰老期树的修剪

梨树生长结果到一定的年限后，必然会出现衰老。衰老期修剪的基本原则是"衰弱到哪里，就缩到哪里"。

在幼树时期，由于树体生长旺盛，应注意枝干和枝条的生长角度的开张，修剪时一般采用背后枝换头。衰弱树则反过来，应注意抬高枝干和枝条的生长角度，回缩时应用背上枝换头。这就是梨区果农总结的"幼树剪锯口在上（图 5-19），老树剪锯口在下（图 5-20）"的修剪经验。

图 5-19　幼树剪锯口在上

一般来讲就结果枝组而言，要用利用强枝带头，强枝要留用壮芽。回缩时要分期、分批地轮换进行，不可一次回缩得太急、太

图 5-20 老树剪锯口在下

快。并且在具体进行过程中，要掌握"先育小，后缩老"的原则。即在进行回缩前，通过减少负载量来改善树体的营养状况，使其生长势转强，并在回缩部位先进行环剥、绞缢等，让其下部先萌发新梢，并按计划培养 1～2 年，然后再在此处除去以上原来的老头。若下部已经有新梢可以直接回缩到新梢处。枝组的回缩要根据具体情况来进行，尽量选留中、大型枝组来回缩更新，可以从内膛和背上选留一些直立的强枝缓放，然后通过缩、截来培养新的结果枝组。对回缩后枝组的延长枝一定要短截，相邻和后部的分枝也要回缩和短截。全树更新后要通过增施有机肥和配方施肥来加强树势，并认真防治病虫害，同时也要注意控制树势的返旺，待树势变稳后，再按正常结果树来进行修剪。

第六章

不同品种的修剪特点

第一节 黄 金

一、生物学习性

黄金（图 6-1）是韩国金正浩博士用新高×二十世纪杂交育成。树势强，生长旺，树姿开张；萌芽率高，成枝力弱（图 6-2）。一般枝条短截后多数萌发 1～2 个长枝，少数萌发 3 个长枝；枝条的年生长量一般在 80～100cm 左右。枝条缓放后易形成短果枝，结果后易发果台副梢（图 6-3、图 6-4）。枝条中短截或重短截后，一般发枝较旺（图 6-5），抽生长度较长，坐果率下降。如果树体修剪过重，果萼不脱落，必须用小刀割去，费工费时。枝条结果后 2～3 年，先端带头枝易下垂，中后部易发背上枝（图 6-6）。叶片

图 6-1　黄金果实

图 6-2　萌芽率高，成枝力弱

图 6-3　易发果台副梢

大，枝条头部易弯曲变向，枝条柔软，任其自然生长易出现爬蔓现象，即枝条不按应该延伸的方向生长，在幼树期需要用竹竿支撑。

图 6-4　果台副梢

图 6-5　中短截后，发枝旺

坐果率高，一般每个花序坐果 4～5 个。枝条易形成腋花芽（图
6-7），中、长枝的腋花芽一般着生在枝条的中上部，腋花芽坐果率
比较高，在幼龄树期应多利用腋花芽结果。

图 6-6　带头枝易下垂，中后部易发背上枝

图 6-7　易成腋花芽

二、修剪特点

树体结构以二层延迟开心形和纺锤形及平顶架、拱棚架整形为

佳,这几种树形符合黄金梨的生长发育特性。二层延迟开心形的整个树体高度不要超过 2.8m,纺锤形树体高度不要超过 3.0m,其他的按树形要求正常处理。要注重夏季修剪,对发育枝要及时进行摘心,可保留 35～40cm 的长度来进行,以增加枝叶量。幼树期应合理留果,一般情况下定植的第二年不留果,第三年在冬季修剪时可按每株树留 40～50 个花芽,实际留果每株不应该超过 15 个;第四年的冬季修剪,可以留花芽 60～80 个,实际留果数不应该超过 40～50 个。黄金梨树姿开张,但枝条易下垂,所以要对延伸过长的枝条及时回缩,以免树体衰弱。黄金梨幼树要轻剪长放,除中心领导枝要重短截外,一般枝条如需短截,应尽量行轻截或中短截。对连续结果 2～3 年的结果枝,要及时进行回缩更新,要用新枝条代替老化的枝条。因为黄金梨成花容易,所以修剪时要控制花枝的数量在总枝量的 30% 左右,对多余的花芽要行破花修剪,以转化为翌年的结果枝。同时要注意对辅养枝的培养,将内膛萌发的长枝条进行拉枝缓放,翌年即可形成一个较大辅养枝,并可以形成较多的产量。

第二节　水　　晶

一、生物学习性

水晶(图 6-8)是韩国权永镇从新高芽变中选出。树势强健,树姿略直立。树的整体生长势不如黄金,但枝条的硬度较黄金大,与其亲本新高相似,呈直立生长状态,枝条年生长量在 80～100cm 之间。萌芽率高,成枝力弱(图 6-9)。以短果枝结果为主(图 6-10),易形成腋花芽(图 6-11),腋花芽结果能力强,花序坐果率较高。易生果台副梢,易形成短果枝群(图 6-12)。对修剪反应不太敏感,一般中、强枝短截后,萌发 2～3 个枝。拉枝缓放后一般少生或不生背上枝,即使产生背上枝也长势不强,一般不需特别处

图 6-8 水晶果实

图 6-9 萌芽率高，成枝力弱

图 6-10 以短果枝结果为主

图 6-11 易形成腋花芽

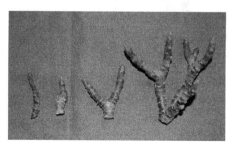

图 6-12 果台副梢及短果枝群

理。从整体上看，腋花芽的坐果率不如短果枝的坐果率高，果实发育也不如后者，在修剪时要特别注意，不要轻易地对短枝进行疏除。幼树生长较弱，发枝较少，尤其是定植的第一年，一般定干后发2～3个枝，因此定植后的第一年一般不需要进行冬季修剪。

二、修剪特点

水晶梨一般要采用纺锤形、小冠疏层形或平顶架、拱棚架整形。树高控制在3m以下为佳，干高为70～80cm。幼树一般要轻剪长放，尽量不采用中短截和重短截，少疏枝，多拉枝缓放，以尽可能的早结果。结果以后，要调整树体结构，对背上枝、病虫枝、枯死枝、重叠枝、交叉枝、徒长枝、并生枝、轮生枝要根据具体情况，采取疏枝、短截、回缩等技术手段来处理。要尽可能地利用辅养枝，在不影响通风透光的情况下，尽量多留辅养枝，以尽早形成产量。由于水晶梨形成花芽容易，所以对结果枝组的培养要采取先放后缩的方法，尽量不采取先截后缩的培养方法。枝组的长度受叶果比的影响，不宜太长，一般以70cm的长度为佳。由于水晶连续结果能力差，且水晶梨是大型果，若连续结果品质下降，在结果后要及时回缩，以免造成不必要的经济损失。水晶梨的萌芽力低，在进行枝组更新时要在枝组的基部进行刻芽，待后部发出新枝后再进行更新处理。

第三节 新　　高

一、生物学习性

新高（图6-13）是日本用矢之川×今村秋杂交育成，在日本已有八十余年的栽培历史。树势旺，树姿半开张。一年生枝黄褐色，多年生枝淡绿褐色。侧芽短圆锥形（图6-14）或不规则球形，与母枝呈直角着生，饱满、充实、坚硬。枝条较硬，且生长粗壮、

图 6-13　新高果实

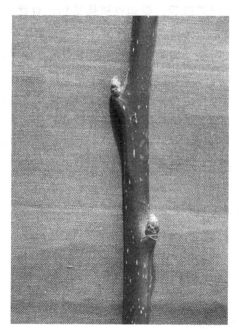

图 6-14　侧芽短圆锥形

直立。萌芽率高，成枝力弱（图 6-15）。以短果枝结果为主（图 6-16），丰产。幼树形成腋花芽容易（图 6-17），坐果率高，是幼树结果的主要依靠。中、长果枝腋花芽结果后，在其后部易形成短果

图 6-15   萌芽率高，成枝力弱

图 6-16   以短果枝结果为主

枝，有利于结果枝组的培养。新高枝条易出现单轴延伸结果的现象
（图 6-18），分枝少，形成的中、长枝少，单轴延伸后枝的生长势
下降，易出现枝条早衰的现象。易抽生果台副梢（图 6-19），多为

图 6-17　易成腋花芽

图 6-18　单轴延伸结果

短枝，连续结果能力稍差。新高树体在 8 月份高温、干旱的时期，叶脉间叶肉容易失绿变黄、落叶是其栽培中的主要弱点。

图 6-19 果台副梢及短果枝群

二、修剪特点

适宜的树形为主干疏层形和日韩棚架形。幼树期要注意拉枝开角，注重夏季修剪，俗语说得好"冬剪长树，夏剪结果"。拉枝要在 7～8 月份进行，拉得过早，易发背上枝；拉得过晚，则达不到应有的拉枝效果。针对树势旺的特点，冬季修剪时要轻剪，一般对主枝延长枝的剪留长度为 80cm。对中干延长枝则要重剪，一般剪留长度为 50～60cm，以控制上强，促发分枝，有利于对第一、二层主枝的选择。结果后要以短果枝结果为主，要正确处理辅养枝与主枝的关系，不能把主枝生长的空间让辅养枝侵占，要及时回缩辅养枝，以有利于树体通风透光。及时疏除背上枝、内膛徒长枝，回缩交叉枝、重叠枝、并生枝，并对单轴延伸的结果枝组要及时回缩到有分枝的地方。

第四节 华 山

一、生物学习性

华山（图 6-20）是韩国农村振兴厅国家园艺研究所用丰水 × 晚三吉杂交育成，1992 年选拔，1993 年命名，1999 年引入山东省的胶东地区。树势强壮，树姿开张，树体生长旺，生长速度是砂梨

图 6-20　华山果实

图 6-21　萌芽率高，成枝力中等

品种中最快的品种之一。萌芽率高，成枝力中等（图 6-21）。枝条直立，幼龄树易生树刺。在幼树期间，往往以腋花芽结果为主（图

图 6-22 腋花芽

图 6-23 以短果枝结果为主

6-22），幼树结的果往往侧面有槽沟现象。进入成龄期，以短果枝结果为主（图 6-23），较丰产。内膛有缺枝、空虚现象。偶发长果台枝（图 6-24），后期更新较难。易抽生果台枝，形成短果枝群（图 6-25）。中短枝转化能力较弱，潜伏芽较易萌发，整体更新较易。

图 6-24　偶发长果台副梢

图 6-25　果台副梢及短果枝群

二、修剪特点

适宜采用的树形为主干疏层形、纺锤形和小冠形。由于华山梨树体发育旺、发枝长，故对幼树要轻剪长放。适当轻剪，即对延长枝要适当地进行轻短截，一般来讲，延长枝以剪去枝条长度的1/4～1/5比较适宜。对中、短发育枝，要采取缓放措施，以换取比较多的花芽，以期尽快形成较多的短果枝和小型结果枝组。幼树初期尽量利用腋花芽结果，结果后要及时回缩，以形成稳定的结果枝组。初果期后，对主枝延长枝要行中短截，其余的枝条要1/3的要缓放，1/3的轻剪，1/3的中剪，行"三套枝"配套的修剪方法，

第五节　圆　　黄

一、生物学习性

圆黄（图6-26）是由韩国用早生赤×晚三吉杂交育成，1994年登记。树势强，生长势旺，树姿半开张。萌芽率高，成枝力中等（图6-27）。果台易发果台副梢，副梢多为短枝，易成顶花芽，个别抽生长枝，果台连续结果能力强（图6-28）。以短果枝结果为主，自然授粉花序坐果率为13.8％。腋花芽形成较容易（图6-29），一般座生在枝条的顶端，坐果率高，是幼树早期结果的主要依靠。枝条柔软，抽生长度较大，主枝延长枝一般抽生长度为80～120cm。对修剪反应不太敏感，枝条短截后，一般抽生2～3

图6-26　圆黄果实

图 6-27　萌芽率高，成枝力中等

图 6-28　果台副梢及短果枝群

个枝条。枝条缓放后，易形成短枝及叶丛枝，易形成花芽。修剪后，特别是锯枝或拉枝后，内膛徒长枝及背上直立枝多，且长势旺。成龄后，易形成大量短果枝，且坐果率特别高。中短枝转化能力强（图 6-30），易抽生长枝，更新复壮容易。

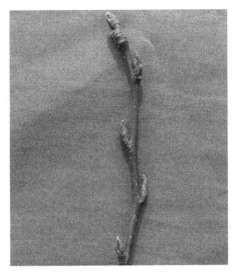

图 6-29　腋花芽

图 6-30　中短枝转化能力强

二、修剪特点

适宜采用的树形为主干疏层形和纺锤形。一般情况下对幼树要轻剪,因为圆黄梨树体具有发育旺、发枝长、易发短枝的特点,适宜轻剪长放。轻剪不是不剪,而是要适当修剪,即对中、长枝要适当短截。一般来讲,以剪去枝条长度的 1/4～1/5 比较适宜。对发育枝,一般要采取缓放,以换取比较多的花芽,以提早结果和提高产量。幼树尽量地利用腋花芽结果,结果后要适当回缩,以形成稳定的结果枝组。对主枝延长枝要行中短截,其余枝条要 1/3 的缓放,1/3 的轻剪,1/3 的中剪,以保证生长结果两不误。在夏季要对背上新梢进行重短截或疏除,其他的发育枝要轻短截,以促使后部形成足够的腋花芽,以便提早结果,形成足够的产量。

第六节 南 水

一、生物学习性

南水(图 6-31)是日本长野县南信农业试验场用越后×新水杂交育成。叶片大,生长势强。一年生枝灰绿色,三年生枝深绿色。树冠直立,树势中庸,树姿似新水,半开张。萌芽率高,成枝

图 6-31 南水果实

图 6-32　萌芽率高，成枝力强

力强（图 6-32）。枝条节间较长，且粗壮直立，枝条坚硬（图 6-33）。短枝粗壮、发达（图 6-34），寿命长，更新周期也长。果台易发果台副梢（图 6-35），副梢多为带有顶花芽的短枝，果台连续结果能力强。以短果枝结果为主，易成腋花芽（图 6-36），但较丰水少；开始结果和进入结果盛期较丰水略晚。坐果率高，丰产。骨干枝基部光秃带大（图 6-37），幼树修剪时要特别注意。

二、修剪特点

适宜的树形为小冠疏层形和日韩棚架形。在整形时不要过于死板，要本着"因树制宜，随枝作形"的原则。对中干延长枝短截要适当重一点，一般剪留的长度为 50～60cm，以防止上部过强。由于南水梨枝条直立，且硬度较大，所以在幼树期要注意尽早拉枝开

图 6-33　枝条粗壮直立

图 6-34　短枝粗壮发达

角。修剪以轻剪长放为主，对延长枝要轻剪，一般剪留长度为70～80cm。由于腋花芽形成较少，且南水以短果枝结果为主，所以对结果枝组的培养要采取"先截后缩"的方法，即对中、长枝要先轻短截，待后部形成花芽后，再回缩至有分枝的地方。对小的发育短枝不要轻易短截，以免修剪过重。内膛不留用作主枝的发育枝要进行缓放，以培养辅养枝，尽早结果。进入结果期后，可以根据具体情况，对发育过大的辅养枝要及时回缩，不要让其破坏树体结构。对背上枝由于其长势过旺的缘故，一般要采取疏除的方法来处理。

图 6-35 果台副梢

图 6-36 腋花芽易形成

图 6-37 骨干枝基部光秃带大

第七节 秋 月

一、生物学习性

秋月（图 6-38）系日本农林水产省果树实验场用 162-29（新高×丰水）×幸水杂交，1998 年育成命名，2001 年进行品种登记的中晚熟褐色砂梨新品种；2002 年引入我国。生长势旺盛，树姿较开张。一年生枝绿褐色，枝条粗壮。枝条顶端易膨大（图 6-39），易发夏梢（图 6-40）是识别该品种最明显的两个特征。叶片卵圆形或长圆形，大而厚，叶缘有钝锯齿。萌芽率低，成枝力强（图 6-41）。营养条件好的一年生枝条可形成腋花芽，但大多在顶部（图 6-42）；较易形成短果枝，结果较早，丰产性好。果台易发果台副梢，副梢多为 2～3 个短果枝，个别抽生长枝；果台连续结果能力强，易形成短果枝群（图 6-43）。骨干枝基部易光秃（图 6-44）。

图 6-38 秋月果实

二、修剪特点

适宜的树形为小冠疏层形和日韩棚架形。采用疏层形整形时，由于枝条生长势较旺，成枝力较强，对中干延长枝短截要适

图 6-39 枝条顶端易膨大

图 6-40 易发夏梢

图 6-41 萌芽率低，成枝力强

图 6-42　腋花芽

图 6-43　果台副梢

当轻一点，一般剪留的长度为 70～80cm。由于秋月梨枝条直立，且硬度较大，所以在幼树期要注意尽早在 7～8 月份拉枝开角。幼树修剪以轻剪长放为主；对主枝延长枝也要轻剪，一般剪留长度为 80cm 左右。秋月梨萌芽率低，且主要以短果枝结果为主。所以，对结果枝组的培养要采取"先截后缩"的方法，即

图 6-44 骨干枝基部易光秃

对中、长枝要先轻短截，待后部形成花芽后，再回缩至有分枝的地方。对弱小的发育短枝不要轻易短截，以免修剪过重，宜采取缓放处理，待成花后实施"齐花剪"。内膛不留用作主枝的发育枝进行缓放，以培养辅养枝，尽早结果。进入结果期后，可以根据具体情况，对发育过大的辅养枝及时回缩，不要让其破坏树体结构。

第八节 丰 水

一、生物学习性

丰水（图 6-45）是日本用菊水×八云育成。一年生枝黄褐色，皮孔圆形或长椭圆形。树势旺，树姿较直立，树冠半开张。新梢长度一般为 100cm 左右。萌芽率高，成枝力中等（图 6-46）。定植后 2 年结果，5 年进入丰产期，产量高。幼树生长势强，结果后树势中庸，新梢长度一般为 30～50cm。易成花，较丰产。以短果枝结果为主，长、中果枝也占有一定的比例。易成腋花芽（图 6-47），坐果率较高，腋花芽一般着生在中、长枝上，大小年结果不明显。易抽生果台副梢，具有一定的连续结果能力（图 6-48）。自花结实

图 6-45　丰水果实

图 6-46　萌芽率高，成枝力中等

率低，需配置一定比例的授粉树。枝条比较柔软，结果后枝组易下垂（图 6-49），且易生背上枝。潜伏芽寿命长，中、短枝转化力强，更新周期长。

图 6-47　易成腋花芽

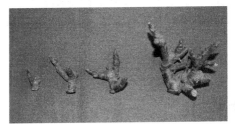

图 6-48　果台副梢及短果枝群

二、修剪特点

适宜的最佳树形为纺锤形和日韩架式整形。定植后要及时定干，翌年要对所发的枝进行拉枝处理，使其接近于水平状态。由于丰水梨易出现上强，所以对中心干要进行短截，促发新枝，中干延长枝要重短截，一般剪留的长度为 50～60cm。对主枝延长枝要行轻短截，一般短截剪留的长度为 70～80cm。这种处理是为了防止

图 6-49　枝组易下垂

树体上强，扩展下部长势。树龄达到四年生以后，要对中干延长枝回缩落头，以促进下部主枝的发育，同时将下垂的主枝进行回缩或疏除，并注意培养侧枝。若采用多主枝纺锤形，在四年生以后，全树主枝有 6～7 个，主枝着生 3～4 个结果枝组，对侧枝的培养是有空就留，无空则疏或缩。进入初果期以后要适当加大疏枝的程度，对内膛徒长枝、密挤枝、病虫枝、枯死枝、背上枝、并生枝、重叠枝、交叉枝要疏除。主干 100cm 以下的下垂枝在 1～2 年内疏除。疏除主枝、辅养枝外围的大的竞争枝。树冠高度控制在 3m 左右。

第九节　爱　甘　水

一、生物学习性

爱甘水（图 6-50）是日本爱知县安城市猪饲孝志氏 1980 年用长寿×多摩杂交育成。爱甘水的叶片较大，叶色深绿，不如黄金、水晶、华山等品种的叶片厚。果实早熟，花芽形成容易，尤其易成腋花芽（图 6-51），腋花芽坐果率高，是幼树结果的主要依靠，在配备授粉树的自然授粉条件下（未进行人工授粉），花朵坐果率可以达到 40％～50％。树势较强，新梢年生长量可以达到 120～150cm，树姿半开张。枝条较硬，且生长粗壮直立（图 6-52）。萌芽率高，成枝力弱（图 6-53），剪口下一般萌发 2 个枝。苗木定植

图 6-50 爱甘水果实

图 6-51 易成腋花芽

后当年生长弱，以后生长旺，前期以腋花芽结果为主，初果后以短果枝结果为主。易抽生果台枝（图 6-54），连续结果能力较强。中、短枝转化能力中等，中短枝粗壮、发达（图 6-55），寿命长，更新周期也长，骨干枝上的光秃带小。

图 6-52 枝条较硬，且粗壮直立

图 6-53 萌芽率高，成枝力弱

图 6-54　果台副梢

图 6-55　中短枝粗壮、发达

二、修剪特点

适宜的树形为小冠疏层形和日韩棚架形。幼树期要注意拉枝开角，注重夏季修剪。拉枝要在 7～8 月份进行，拉得过早，易发背上枝；拉得过晚，则达不到应有的拉枝效果。幼树期宜轻剪，少疏或不疏枝，以促进早成形、早结果。要充分利用中、长果枝及腋花芽结果。幼树期对主枝延长枝要轻剪，一般剪留长度为 70～80cm；初果期以后，对主枝延长枝要行中短截，一般剪留长度为 50～60cm。由于爱甘水初果以后以短果枝结果为主，所以对结果枝组的培养要采取"先截后缩"的方法，即对中、长枝要先轻短截，待后部形成花芽后，再回缩至有分枝的地方。进入结果盛期以后，要对内膛徒长枝、病虫枝、枯死枝、竞争枝、较旺的背上枝要疏除，对交叉枝、并生枝、重叠枝要回缩。对发育过大的辅养枝，且影响通风透光的要及时疏除。

第十节　早红考密斯

一、生物学习性

早红考密斯（图 6-56）系英国品种，山东农业大学罗新书教授于 1979 年引入山东。果实粗颈葫芦形，果个中大，平均单果重 190g，大者可达 280g。坐果后，幼果即呈紫红色。果皮薄，成熟期果面紫红色，较光滑。果肉绿白色，刚成熟时肉质硬而稍韧，经 7～10 天后熟，肉质变细软，石细胞少，汁液多，口感甜、微香，可溶性固形物含量为 13％左右，品质上等。在胶东地区果实于 8 月上旬成熟，耐贮存。该品种幼树生长旺，直立；结果期后树势中庸，树姿较开张。喜光、耐旱，抗寒力差，不耐高温，不宜在高寒地区和高湿多雨地区栽培。耐瘠薄，较耐盐碱。适应性强，易管理，果实硬度高，是一个很有发展前途的早熟、个大、优质西洋梨品种。

图 6-56　早红考密斯果实

二、修剪特点

密植园采用二层开心形或自由纺锤形。幼树冬季修剪除对延长头轻短截外，其他枝条不短截，采取缓放处理；春季发芽前或 7～8 月份拉枝开角。高接大树只疏除直立枝、并生枝、重叠枝和下垂枝，其他枝条缓放不截，待结果后再进行回缩处理。对准备回缩的枝要留好背后枝，以避免疏除后萌发过多的背上枝。对角度过于开张的枝条，采用留上位枝、顶枝或往上拉枝的方法提高角度。对于光秃枝条，可在早春用插皮腹接法嫁接，弥补空间，使全树枝条分布合理，互不影响光照。

参 考 文 献

[1] 河北农业大学等. 果树栽培学各论. 北京：中国农业出版社，2002.

[2] 郗荣庭等. 果树栽培学总论. 北京：中国农业出版社，2003.

[3] 张鹏. 梨树整形修剪图说. 北京：金盾出版社，2002.

[4] 贾敬贤. 梨树高产栽培. 北京：金盾出版社，2002.

[5] 许明贤. 果树修剪生理. 西安：天则出版社，1992.

[6] 董存田等. 梨生产原理与技术. 北京：中国农业科技出版社，1995.

[7] 河北省农林科学院昌黎果树研究所. 北方果树修剪技术. 北京：农业出版
      社，1988.

[8] 贾永祥等. 图解梨树整形修剪. 北京：中国农业出版社，2010.

[9] 于新刚. 梨新品种实用栽培技术. 北京：中国农业出版社，2005.

[10] 于新刚. 黄金梨栽培技术问答. 北京：金盾出版社，2007.